健康养生
豆浆、米糊、果蔬汁

方 彤 编著

团结出版社

图书在版编目（CIP）数据

健康养生豆浆、米糊、果蔬汁 / 方彤编著 . -- 北京：
团结出版社 , 2014.10（2021.1 重印）
ISBN 978-7-5126-2312-5

Ⅰ. ①健… Ⅱ. ①方… Ⅲ. ①豆制食品—饮料—制作
②果汁饮料—制作③菜汁—饮料—制作 Ⅳ. ① TS214.2
② TS275.5

中国版本图书馆 CIP 数据核字 (2013) 第 302860 号

出　　版：团结出版社
　　　　　（北京市东城区东皇城根南街 84 号　　邮编：100006）
电　　话：（010）65228880　65244790（出版社）
　　　　　（010）65238766　85113874 65133603（发行部）
　　　　　（010）65133603（邮购）
网　　址：http://www.tjpress.com
E-mail：65244790@163.com（出版社）
　　　　　fx65133603@163.com（发行部邮购）
经　　销：全国新华书店
排　　版：腾飞文化
图片提供：邴吉和　黄　勇
印　　刷：三河市天润建兴印务有限公司

开　　本：700×1000 毫米　1/16
印　　张：11
印　　数：5000
字　　数：90 千字
版　　次：2014 年 10 月第 1 版
印　　次：2021 年 1 月第 4 次印刷

书　　号：978-7-5126-2312-5
定　　价：45.00 元

　　随着人们生活水平的提高，人们对食品安全的要求也越来越高，如何才可以吃得既丰富又营养全面呢？自己制作是大多数人的选择。

　　过去人们不愿意自己制作食物，这和制作食物费时费力，而且效果不佳大有关系，现代家用电器的普及，使得下厨房不再是一件难事，尤其是全自动豆浆机的使用，可以使很多原来复杂的事情变得轻而易举，即使是从来没有下过厨房的人也可以简单操作，做出自己理想中的食物。

　　全自动豆浆机除了可以制作豆浆之外，还可以用来制作米糊、果蔬汁等美味，在这本书里，我们将分别介绍如何用全自动豆浆机制作出色香味俱全的豆浆、

 健康养生豆浆、米糊、果蔬汁

米糊和果蔬汁,这不仅包括常见的原味、经典美食,还包括根据营养膳食的要求搭配制作的各种具有不同的养生功效的美味食物,方便大家根据自己的特点和食疗要求有针对性地选择。

前言

养健康豆浆

Contents

对 症养生豆浆

中 老年豆浆

目录

Contents

营 养健康米糊

目录

Contents

对 症养生米糊

中 老年米糊

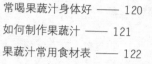

营 养健康果蔬汁

目
录

对 症养生果蔬汁

Contents

 老年果蔬汁

Contents

★ ★ ★ ★ ★

营养健康豆浆

★ ★ ★ ★ ★

常喝豆浆身体好 <<<

预防衰老

豆浆预防衰老的作用主要体现在两个方面，首先，豆浆中含有与人，特别是女性衰老密切相关的植物性雌激素，通过补充一定量的豆浆，可以提高女性雌激素含量，调节女性内分泌。另外，大豆中含有维生素 E、维生素 C 等强抗氧化物质，可以缓解皮肤老化，达到"永葆青春"的目的。

强身健体

每百克豆浆含蛋白质 4.5 克、脂肪 1.8 克、碳水化合物 1.5 克、磷 4.5 克、铁 2.5 克、钙 2.5 克以及维生素、核黄素等，对增强体质大有好处。每日饮用一些鲜豆浆，可以充分满足人体对各种元素的需要，提高人体的免疫力，达到强身健体的功效。

防治糖尿病

糖尿病主要是因为人体长时间不合理饮食，体内正常的镁、磷、铜等元素的吸收受到影响而导致的，而大量的科学研究已经证实，豆类中含有大量水溶性纤维，可以控制人体组织对糖分的过多吸收，减少血液含糖量，具有预防和控制糖尿病的作用。

防治冠心病

冠心病主要是由于脂质代谢异常，血液中的脂质沉积在原本光滑的动脉内膜上，使动脉内膜上产生一些类似粥样的脂类物质堆积而成的白色斑块，这些斑块渐渐增多造成动脉腔狭窄，使血流受阻，导致心脏缺血，产生心绞痛。而制作豆浆常用的豆类中一般都含有镁、钾、钙等可以降低胆固醇含量的物质，能够促进血液的正常流动，防止血管痉挛的发生，从而起到防治冠心病的作用。一般来说，每天坚持喝一碗豆浆，发生冠心病的概率可以降低 50% 左右。

防治高血压

高血压发生的主要原因是人体中钠含量过高，防治高血压的主要措施就是控制人体钠的摄入和吸收。豆类中含有的豆固醇等物质可以防止钠的过量吸收，从而起到防治高血压的作用。

防治脑中风

脑中风的主要原因是脑部缺氧或血流不畅，豆浆中含有的钙、镁、卵磷脂等物质，不仅可以预防脑梗塞的发生，而且对提高脑部功能具有一定的促进作用。

防治支气管炎

豆浆所用的豆类大都含有一种叫作麦氨酸的物质，它具有减少支气管痉挛的功效，进而防止支气管病的发生。

防治癌症

一般来说，不喝豆浆的人患各种癌症的概率要比常喝豆浆的人高 50% 左右，这主要是因为豆浆中的硒和钼等元素，对于癌细胞有很好的抑制作用，减少了癌症的发病几率。

如何制作豆浆 <<<

第一步是食材的选择，制作豆浆一般都是选用具有较好光泽，颗粒比较饱满的豆类，以优质黄豆居多。其他豆类也可以根据需要进行添加。

第二步是食材的处理，一般来说选用食材之后都要对食材进行处理，包括豆类的浸泡，蔬菜类的清洗和切制处理。

第三步是豆浆机的选择，本书介绍的都是全自动豆浆机的操作步骤，如果您使用的不是此种类型的豆浆机，请按照自己所用机器的不同而进行不同的操作。

第四步是豆浆配料的选择，一般来说，喜爱甜食的人都会在豆浆中加入适量的白糖或者冰糖、蜂蜜来调味，但是红糖一般是不建议选用的。

第五步是把食材按照要求放到豆浆机中，然后选择不同的功能按键，等待豆浆打制完成。

第六步是豆浆的过滤和调味工作，这样，做出来的豆浆就可以饮用了。

豆浆的饮用禁忌 <<<

豆浆未煮开不能喝

　　豆浆虽然营养物质丰富，但是也要注意饮用的方式和方法，一般的豆浆机都配置有煮熟豆浆的功能，但是对于使用只有搅拌，没有煮开功能的豆浆机的人，就一定要注意在打好豆浆之后要把它彻底煮开。只有煮熟之后，豆浆中原有的胰蛋白酶、皂素等对人体有害的物质才可以全部挥发出去，这样喝到的才是营养健康的豆浆。

不要在生豆浆中加入鸡蛋

　　鸡蛋和豆浆都是非常有营养的物质，但是两种有营养的物质混合在一起是不是就更有营养呢？答案是否定的。只有合理搭配，才可以让豆浆更有营养，而生豆浆和生鸡蛋是不适宜搭配的。如果在打豆浆的时候冲入鸡蛋，鸡蛋中的黏性蛋白就会和豆浆中胰蛋白酶产生混合反应，同时降低鸡蛋和豆浆的营养，达不到增加营养的目的。

不要空腹喝豆浆

　　豆浆的营养虽然很好，但是注意不要在空腹的情况下饮用，尤其是给婴幼儿喝的时候就更要注意这个问题。如果人的体内没有多余的可以转化为人体热量的物质，那么当我们喝下豆浆之后，豆浆里大量的营养物质就不能被充分吸收，而是会有很大一部分转化为人体必需的热能，导致养分的浪费。

豆浆不要放红糖调味

　　喝豆浆的时候，大多数人喜欢在里面加入一些糖类，这可以很好地提高豆浆的饮用口感。但是值得注意的是，白糖、冰糖、蜂蜜等都可以用来调味，但是红糖却不可以。这是因为红糖里含有含量很高的乳酸和醋酸类物质，把红糖放在豆浆中之后，它可以和豆浆中的钙质和蛋白质充分反应成各种可以抑制营养吸收的块类物质，影响人体对豆浆中营养成分的吸收。

不要用保暖瓶装豆浆

在天气寒冷的时候，保温瓶的使用就变得非常广泛，但是由于保温瓶的特殊性质，如果把热豆浆放在保温瓶内，当温度条件适宜的时候，细菌就会在瓶内大量繁殖，导致豆浆变质。通常来说，放在保温瓶内的豆浆一般 3~4 小时之后就会变质，不能饮用。

不要用豆浆来送药

豆浆的营养物质丰富，但是如果随便搭配，就可能会与其他物质发生反应，导致性质的改变。尤其要注意，豆浆一定不要和药一起喝，更不要用豆浆送药。豆浆的营养物质遇到抗生素类物质就会发生反应，不仅不利于营养吸收，有时更会产生副作用，严重的可能导致中毒。

偏寒体质人慎重饮用

豆浆中含有很多营养成分，但是也含有嘌呤等寒性物质，体虚、乏力、精神疲倦等体质人群应限制饮用。

另外，豆浆中豆类很多，豆类具有刺激胃酸分泌的作用，所以肠胃功能不好的人要限制饮用。

豆浆常用食材表 <<<

名称		营养成分	功效
苹果		糖类、维生素A、锌、磷、铁	降低胆固醇、通便、止泻、降血压、增强记忆力、提高智能
胡萝卜		蛋白质、脂肪、碳水化合物、胡萝卜素、抗坏血酸、钾、钠、钙、镁、铁	增强人体免疫力、抗癌、防治血管硬化、降低胆固醇含量、润肤、抗衰老
枸杞		钾、钠、钙、镁、铁、铜、锰、锌、氨基酸、甜菜碱	滋补、调养、抗衰老、免疫调节、降血压、防治脂肪肝
山楂		柠檬酸、皂甙、果糖、维生素C、B族维生素、钙、铁、硒	扩张血管、强心、兴奋中枢神经系统、降低血压和胆固醇、软化血管、利尿、镇静
玉米		糖类、蛋白质、胡萝卜素、黄体素、玉米黄质、磷、镁、钾、锌	健脾益胃、利水渗湿、抗衰老、防治便秘、防治动脉硬化、防癌、利胆、利尿、降血糖
山药		蛋白质、B族维生素、维生素C、维生素E、葡萄糖、粗蛋白、氨基酸	健脾、除湿、补气、益肺、固肾、益精
红薯		蛋白质、糖类、磷、钙、铁、胡萝卜素	和血补中、宽肠通便、增强免疫力
南瓜		多糖、氨基酸、胡萝卜素、磷、镁、铁、铜、锰、铬、硼	润肺益气、化痰排脓、驱虫解毒、治咳止喘
梨		蛋白质、糖类、粗纤维、钙、磷、铁	促进食欲、帮助消化、润燥消风、醒酒解毒
小白菜		叶酸、维生素A、维生素C、胡萝卜素、钾、钙、磷、粗纤维	清热除烦、行气祛瘀、消肿散结、通利胃肠
大白菜		纤维素、胡萝卜素、维生素C、钙、磷、钠、镁、铁、锌	清热解毒、祛除烦躁、生津解渴、利尿通便
生菜		维生素C、钙、铁、铜、纤维素	清热利尿、镇痛催眠
莲藕		淀粉、蛋白质、天门冬素、维生素C、氧化酶	清热生津、凉血止血、补益脾胃、益血生肌
菠菜		膳食纤维、维生素B₁、维生素B₂、钾、钠、钙、镁	清热除烦、滋阴平肝、补血止血、润燥滑肠
油菜		B族维生素、维生素C、钙、铁、钾、胡萝卜素	活血化瘀、解毒消肿、宽肠通便、强身健体
茼蒿		B族维生素、维生素C、钾、钠、镁、钙、丝氨酸、苏氨酸、丙氨酸、天门冬素	润肺化痰、清血养心、利尿消肿、通便排毒
西蓝花		维生素A、B族维生素、维生素C、铁、磷、胡萝卜素	补肾填精、健脑壮骨、补脾和胃
蘑菇		蛋白质、脂肪、粗纤维、钾、钙、磷、铁、多糖、多种维生素、氨基酸	补脾益气、润燥化痰
紫薯		淀粉、膳食纤维、胡萝卜素、钾、铁、铜、硒、钙	补虚乏、益气力、健脾胃、强肾阴
莴笋		钾、钙、镁、锌、磷、铜、膳食纤维、胡萝卜素	清热利尿、活血通乳

续表

名称		营养成分	功效
黄豆芽		蛋白质、脂肪、糖类、钙、磷、铁、B族维生素、维生素C	清热利湿、消肿除痹、健脾养肝
丝瓜		维生素C、维生素B₁、钙、磷、铁、植物黏液、丝瓜苦味质、瓜氨酸	清热解暑、生津止渴
红枣		蛋白质、氨基酸、脂肪、糖类、有机酸、维生素A、维生素C、维生素P、钙	补脾、养血、安神、驻颜祛斑、健美丰肌
百合		蛋白质、脂肪、碳水化合物、粗纤维、多种维生素、钙、磷、铁	润肺止咳、清心安神、清火养阴
银耳		碳水化合物、蛋白质、氨基酸、维生素D、钙、磷、铁、钾、钠、镁、硫	补脾开胃、益气清肠、安眠健胃、补脑、养阴、清热润燥
核桃		蛋白质、碳水化合物、钙、磷、铁	润燥化痰、温肺润肠、散肿排毒
花生		钙、铁、硫胺素、核黄素、烟酸	延缓衰老、滋血通乳、增强记忆
瓜子		食用纤维、蛋白质、脂肪、维生素B₁、维生素E、不饱和脂肪酸、钾、磷、铁、钙、镁、硒	保护心脏、预防高血压、预防心血管疾病、提高免疫力、防止衰老、防治动脉硬化
芝麻		蛋白质、膳食纤维、B族维生素、维生素E、卵磷脂、钙	补肝肾、益精血、润肠燥、延年益寿
栗子		糖类、蛋白质、脂肪、多种维生素、无机盐	抗衰老、补肾强筋、活血止血、维持骨骼的正常功用、延年益寿
菊花		蛋白质、脂肪、膳食纤维、碳水化合物、胡萝卜素、核黄素、烟酸、维生素C	清热除火、生津止渴、解毒、安神除烦、明目、消炎止痛
薏米		淀粉、蛋白质、多种维生素、氨基酸	温脾益胃、补肺清热、祛风胜湿、镇静、镇痛、解热、利尿消肿、养颜护肤、抑癌、抗瘤
小米		蛋白质、脂肪、维生素、钙质、钾、纤维素	养胃、通便、止泄、补血养气、健脾、降血糖、消渴、养阴、补虚
燕麦		粗蛋白质、脂肪、水溶性膳食纤维、B族维生素、维生素E、氨基酸、磷、铁、钙	降血压、防治肠癌、防治心脏疾病、益肝和胃、养颜护肤
高粱		蛋白质、脂肪、碳水化合物、膳食纤维、胆固醇、维生素A、胡萝卜素	和胃、健脾、消积、温中、涩肠胃
红豆		蛋白质、脂肪、糖类、B族维生素、钾、铁、磷	健胃生津、祛湿益气、清心养神、健脾益肾、固精益气
莲子		蛋白质、脂肪、糖类、钙、磷、铁	健脾止泻、补肾固涩、抗衰老、降压、抗心律失常、抗心肌缺血、抑制心肌收缩力
黑豆		蛋白质、维生素、矿物质、钙、磷、铁、胡萝卜素	抗氧化、预防癌症和肥胖、改善血液循环、提高排尿能力
绿豆		蛋白质、脂肪、碳水化合物、维生素B₁、胡萝卜素、叶酸、钙、磷、铁	清热解毒、清暑益气、止渴利尿、维持水液电解质平衡、防暑、消热、降血脂
黄豆		碳水化合物、脂肪、蛋白质、纤维素、维生素B₁₂、钙、磷、铁、胡萝卜素	健脾宽中、润燥消水、清热解毒、增强机体免疫功能、防治血管硬化、降血糖、降血脂

7

黄豆豆浆

食材

黄豆、白糖各适量

操作步骤

①先将黄豆漂洗，去除杂物，然后浸泡6小时，捞出待用。

②将经过浸泡的黄豆放入豆浆机中，加水到上下水位线之间。

③接通电源，按"湿豆豆浆"键，直到机器提示豆浆做好。

④滤掉豆浆的渣滓，倒入杯子中加入适量白糖即可饮用。

营养贴士

黄豆含有丰富的不饱和脂肪酸和多种维生素类物质，可以帮助脂肪代谢，减少血管壁上胆固醇沉积，对于高血压、高血脂等病具有防治效果，适合此类人群饮用。

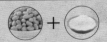

绿豆豆浆

食材

花生20克，黄豆50克

操作步骤

①先将黄豆漂洗，去除杂物，然后浸泡6小时，捞出待用；花生去壳后浸泡到发软，尽可能拍碎。

②将经过浸泡的黄豆和花生放入豆浆机中，加水到上下水位线之间。

③接通电源，按"五谷豆浆"键，直到机器提示豆浆做好。

④滤掉豆浆的渣滓，倒入杯子中即可饮用。

营养贴士

花生中赖氨酸是一种可以防止人体衰老的重要物质，常吃花生可以有效地保持容颜。花生中还含有丰富的卵磷脂和脑磷脂，可以促进大脑发育，另外，花生中含有的脂肪和蛋白质，具有一定的滋补和通乳作用，产后可以食用。

食材

绿豆、白糖各适量

操作步骤

①提前漂洗并浸泡绿豆4~6小时，捞出待用。

②将经过浸泡的绿豆放入豆浆机中，加入适量的水。

③接通电源，按"湿豆豆浆"键，直到机器提示豆浆做好。

④滤掉豆浆的渣滓，按照个人口味加入适量白糖即可饮用。

营养贴士

绿豆豆浆具有润肤、清热解毒、滋润脾胃的功效，而且绿豆豆浆属于寒凉性质，适合高血压患者饮用。

花生豆浆

黑豆营养豆浆

食材

黑豆 70 克，白糖适量

营养贴士

此款豆浆具有解毒利尿、润肺燥、滋肾阴、保持头发乌黑等功效，适合心脏病和高血压患者饮用。

操作步骤

①把黑豆用水漂洗，然后浸泡 6～8 小时，捞出待用。

②将经过浸泡的黑豆放入豆浆机中，加水到上下水位线之间。

③打开电源，选择"湿豆豆浆"键，待豆浆打制完毕后，滤掉渣滓，加入适量白糖即可饮用。

薏米红绿豆豆浆

食材

薏米、红豆、绿豆各适量

操作步骤

①先将红豆、绿豆、薏米漂洗，去除杂物，然后浸泡 6 小时，捞出待用。

②将经过浸泡的薏米、红豆、绿豆一起放入豆浆机中，加水到上下水位线之间。

③接通电源，按"五谷豆浆"键，直到机器提示豆浆做好。

④滤掉豆浆的渣滓，倒入杯子中即可饮用。

营养贴士

此款豆浆中含有蛋白质、淀粉、碳水化合物、B 族维生素、维生素 E、氨基酸、钾、钙、磷、镁、铜、铁、锰、锌、硒等成分，具有促进人体毒素排出和促进脂肪代谢的功效，可以祛斑养颜，防止脱发，适合体内湿气重的人饮用。

食材

黑豆 80 克，黑芝麻、白糖各适量

操作步骤

①先将黑豆漂洗，去除杂物，然后浸泡 10~12 小时，捞出待用；黑芝麻洗净待用。

②将经过浸泡的黄豆和黑芝麻一起放入豆浆机中，加水到上下水位线之间。

③接通电源，按"五谷豆浆"键，直到机器提示豆浆做好。

④滤掉豆浆的渣滓，倒入杯子中加入适量白糖即可饮用。

营养贴士

黑芝麻中大量的铁和维生素 E 可以在一定程度上活化人体脑细胞，清除血管内多余的胆固醇类物质，素食主义者可以吃，脑力劳动者更加应该多吃。

芝麻黑豆豆浆

燕麦豆浆

食材

燕麦片、黄豆各适量

操作步骤

①先将黄豆漂洗，去除杂物，然后浸泡6小时，捞出待用。

②清洗干净燕麦片，将燕麦片和黄豆一起放入豆浆机中，加水到上下水位线之间。

③接通电源，按"五谷豆浆"键，直到机器提示豆浆做好。

④滤掉豆浆的渣滓，倒入杯子中即可饮用。

营养贴士

燕麦富含膳食纤维，能促进肠胃蠕动，利于排便；热量低，升糖指数低，可以降脂降糖，适合高血脂和高血糖人群食用。

青豆开胃豆浆

食材

青豆、白糖各适量

营养贴士

青豆富含不饱和脂肪酸和大豆磷脂,有保持血管弹性、健脑和防止脂肪肝形成的作用,对于心脏病、脂肪肝、癌症等病症都有预防的功效。

操作步骤

①先将黄豆漂洗,去除杂物,然后浸泡6小时,捞出待用。

②将经过浸泡的青豆放入豆浆机中,加水到上下水位线之间。

③接通电源,按"湿豆豆浆"键,直到机器提示豆浆做好。

④滤掉豆浆的渣滓,倒入杯子中加入适量白糖即可饮用。

豌豆润肠豆浆

食材

豌豆、白糖各适量

操作步骤

①把豌豆洗净后，用热水煮熟待用。

②将煮熟的豌豆放入豆浆机中，加水到上下水位线之间。

③接通电源，按"湿豆豆浆"键，直到机器提示豆浆做好。

④滤掉豆浆的渣滓，按照个人口味加入适量白糖即可饮用。

营养贴士

豌豆味甘、性平，具有益中气、止泻痢、利小便、消痈肿、解乳石毒的功效。对脚气、痈肿、乳汁不通、脾胃不适、呕吐、心腹胀痛、口渴泻痢等病症有一定的治疗功效。

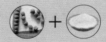

消暑二豆饮

食材

绿豆、黄豆、白糖各适量

操作步骤

①提前漂洗并浸泡黄豆、绿豆6个小时，捞出待用。

②将经过浸泡的黄豆、绿豆放入豆浆机中，加入合适的水。

③接通电源，按"湿豆豆浆"键，直到机器提示豆浆做好。

④滤掉豆浆的渣滓，按照个人口味加入适量白糖即可饮用。

营养贴士

黄豆性平、味甘，有生津润燥之效，而绿豆有降暑功效，把黄豆和绿豆一起磨成豆浆，具有清热解暑、润喉止渴的功效。

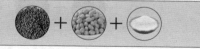

食材

青豆、绿豆、黄豆、白糖各适量

操作步骤

①提前漂洗并浸泡黄豆、绿豆、青豆6个小时，捞出待用。

②将经过浸泡的黄豆、绿豆、青豆放入豆浆机中，加入合适的水。

③接通电源，按"湿豆豆浆"键，直到机器提示豆浆做好。

④滤掉豆浆的渣滓，按照个人口味加入适量白糖即可饮用。

营养贴士

青豆中富含多种抗氧化成分，能够有效去除体内的自由基，预防由自由基引起的疾病，延缓身体衰老速度，另外还有消炎、广谱抗菌的功效。

"三加一"健康豆浆

百合绿茶绿豆豆浆

食材

百合、绿茶、绿豆各适量

操作步骤

①提前漂洗并浸泡绿豆6个小时，捞出待用；百合和绿茶放入茶壶中泡15分钟。

②将绿豆和泡好的百合绿茶水放入豆浆机中，加水到上下水位线之间。

③接通电源，按"五谷豆浆"键，直到机器提示豆浆做好。

④滤掉豆浆的渣滓，倒入杯子中即可饮用。

营养贴士

绿茶不仅具有提神清心、清热解暑、消食化痰、去腻减肥、清心除烦、解毒醒酒、生津止渴、降火明目、止痢除湿等药理作用，还对辐射病、心脑血管病、癌症等疾病具有一定的治疗功效。

黄豆牛奶豆浆

食材

黄豆、牛奶各适量

操作步骤

①先将黄豆漂洗干净，去除杂质，然后浸泡6小时，捞出待用；牛奶放入奶锅中热温待用。

②将经过浸泡的黄豆放入豆浆机中，加水到上下水位线之间。

③接通电源，按"湿豆豆浆"键，直到机器提示豆浆做好。

④滤掉豆浆的渣滓，把豆浆倒入牛奶中混合即可饮用。

营养贴士

牛奶含有丰富的矿物质、钙、磷、铁、锌、铜、锰、钼营养成分。最难得的是，牛奶是人体钙的最佳来源，而且钙磷比例非常适当，利于钙的吸收。

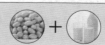

菠菜豆浆

食材

菠菜、黄豆各适量

操作步骤

①先将黄豆漂洗，去除杂物，然后浸泡6小时，捞出待用。

②菠菜择洗干净，切成小段后备用。

③将经过浸泡的黄豆和菠菜一起放入豆浆机中，加水到上下水位线之间。

④接通电源，按"果蔬豆浆"键，直到机器提示豆浆做好。

⑤滤掉豆浆的渣滓，倒入杯子中即可饮用。

营养贴士

此款豆浆含有维生素C、胡萝卜素、蛋白质，以及铁、钙、磷等矿物质，具有促进生长发育，增强抗病能力，促进人体新陈代谢的功效。菠菜烹熟后软滑易消化，特别适合老、幼、病、弱者食用。另外，菠菜豆浆也适合糖尿病、高血压等患者饮用。

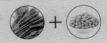

蘑菇豆浆

食材

蘑菇、黄豆、食盐各适量

操作步骤

①先将黄豆漂洗,去除杂物,然后浸泡6小时,捞出待用;蘑菇择洗干净,切成小块。

②将经过浸泡的黄豆和蘑菇一起放入豆浆机中,加水到上下水位线之间。

③接通电源,按"果蔬豆浆"键,直到机器提示豆浆做好。

④滤掉豆浆的渣滓,倒入杯子中,加入适量食盐调匀即可饮用。

营养贴士

此款豆浆主要含有蛋白质、膳食纤维、氨基酸、胡萝卜素、维生素、钙、磷、钾、镁、铁、锌等成分,可以提高体内淋巴细胞的活力,辅助调理高血压和动脉硬化,适合具有此类疾病的患者及免疫力低下的老年人饮用。

食材

红薯、黄豆各适量

操作步骤

①先将黄豆漂洗,去除杂物,然后浸泡6小时,捞出待用;红薯削皮,洗净,切成小丁。

②将经过浸泡的黄豆和红薯一起放入豆浆机中,加水到上下水位线之间。

③接通电源,按"果蔬豆浆"键,直到机器提示豆浆做好。

④滤掉豆浆的渣滓,倒入杯子中即可饮用。

营养贴士

此款豆浆主要含有蛋白质、淀粉、膳食纤维、维生素A、B族维生素、维生素C、维生素E、钾、铁、铜、硒、钙、亚油酸等成分,对心脑血管疾病具有很好的预防作用,而且有助于人体免疫力的提高,适合大部分人饮用。

红薯豆浆

海带豆浆

食材

海带、黄豆各适量

操作步骤

①提前漂洗并浸泡黄豆 6 个小时，捞出待用；海带洗净然后浸泡 4 个小时待用。

②将经过浸泡的黄豆和海带放入豆浆机中，加水到上下水位线之间。

③接通电源，按"湿豆豆浆"键，直到机器提示豆浆做好。

④滤掉豆浆的渣滓，倒入杯子中即可饮用。

营养贴士

海带含有丰富的钙，可防治人体缺钙，海带所含的胶质能促进体内的放射性物质随同大便排出体外，从而减少放射性物质在人体内的积聚，也减少了放射性疾病的发生率。

草莓香蕉豆浆

食材

黄豆 50 克，草莓 100 克，香蕉 80 克

操作步骤

①先将黄豆漂洗干净，去除杂质，然后浸泡6 小时，捞出待用；草莓去蒂洗净切丁；香蕉剥皮切段待用。

②将黄豆、草莓、香蕉放入豆浆机中，加水到上下水位线之间。

③接通电源，按"果蔬豆浆"键，直到机器提示豆浆做好。

④滤掉豆浆的渣滓，倒入杯子中即可饮用。

营养贴士

草莓营养价值高，其含有大量果胶、纤维素、维生素 C，可以促进胃肠蠕动、帮助消化、改善便秘，对于痔疮、肠癌的预防有一定的功效。

油菜豆浆

食材

油菜、黄豆、食盐各适量

操作步骤

①先将黄豆漂洗，去除杂物，然后浸泡6小时，捞出待用；油菜择洗干净，切成碎粒。

②将经过浸泡的黄豆和油菜一起放入豆浆机中，加水到上下水位线之间。

③接通电源，按"果蔬豆浆"键，直到机器提示豆浆做好。

④滤掉豆浆的渣滓，倒入杯子中加入适量食盐调匀即可饮用。

营养贴士

此款豆浆主要含有蛋白质、膳食纤维、钙、铁、钾、镁、B族维生素、维生素C、胡萝卜素等成分，可以抑制癌细胞的扩散，为人体提供钙质，对便秘、乳腺炎具有一定的缓解作用，适合骨质疏松的老人和缺钙的儿童饮用。

枸杞双豆豆浆

食材

黄豆 50 克，绿豆 20 克，枸杞 10 克

操作步骤

①先将黄豆、绿豆漂洗，去除杂物，然后浸泡 6 小时，捞出待用；枸杞洗净，煮熟待用。

②将黄豆和绿豆一起放入豆浆机中，加水到上下水位线之间。

③接通电源，按"五谷豆浆"键，直到机器提示豆浆做好。

④滤掉豆浆的渣滓，倒入杯子中，撒上枸杞即可饮用。

营养贴士

此款豆浆含有蛋白质、脂肪、碳水化合物、胡萝卜素、维生素 A、钙、烟碱酸、叶酸等成分，具有清热解毒，清肝明目，降低血压、血脂和血糖，补气益血，滋养肝脏和肾脏，防治肝硬化的作用，适合肝肾功能不全的人饮用。

小米豆浆

食材

小米、黄豆各适量

操作步骤

①先将黄豆漂洗，去除杂物，然后浸泡6小时，捞出待用；小米淘洗干净，用水泡一小会儿。

②将经过浸泡的黄豆和小米全部放入豆浆机中，加水到上下水位线之间。

③接通电源，按"五谷豆浆"键，直到机器提示豆浆做好。

④滤掉豆浆的渣滓，倒入杯子中即可饮用。

营养贴士

此款豆浆主要含有蛋白质、碳水化合物、维生素B、维生素E、钾、钙、磷、铁、锌、硒、铜、镁、还原糖等成分，可以辅助治疗反胃呕吐、小便不利、脾胃虚弱等症状，适合用来滋补。

糙米豆浆

食材

糙米、黄豆各适量

操作步骤

①先将黄豆、糙米漂洗，去除杂物，然后浸泡6小时，捞出待用。

②将经过浸泡的黄豆和糙米放入豆浆机中，加水到上下水位线之间。

③接通电源，按"五谷豆浆"键，直到机器提示豆浆做好。

④滤掉豆浆的渣滓，倒入杯子中即可饮用。

营养贴士

此款豆浆主要含有蛋白质、氨基酸、B族维生素、维生素 E、膳食纤维、钾、镁、钙、锌、铁、锰、铬、钒等多种营养物质，可以帮助人体加速血液循环，帮助降血压、降血脂，所以很适合糖尿病患者饮用。

食材

黄豆 80 克，黑芝麻、白糖各适量

操作步骤

①先将黄豆漂洗，去除杂物，然后浸泡10~12 小时，捞出待用；黑芝麻洗净待用。

②将经过浸泡的黄豆和黑芝麻一起放入豆浆机中，加水到上下水位线之间。

③接通电源，按"五谷豆浆"键，直到机器提示豆浆做好。

④滤掉豆浆的渣滓，倒入杯子中加入适量白糖和少量黑芝麻即可饮用。

营养贴士

此款豆浆中含有丰富的维生素 E 和蛋白质，经常饮用可以清除血管中多余的胆固醇成分，进而活化脑细胞，对于心脏病和高血压患者更加有益。

黑芝麻豆浆

红豆桂圆豆浆

食材

红豆、桂圆各适量

操作步骤

①先将红豆漂洗干净，去除杂质，然后浸泡6小时，捞出待用；桂圆洗净后去皮去核，切成小块。

②将所有食材放入豆浆机中，加水到上下水位线之间。

③接通电源，按"果蔬豆浆"键，直到机器提示豆浆做好。

④滤掉豆浆的渣滓，倒入杯子中即可饮用。

营养贴士

红豆可以健脾止泻，利水消肿，可以治水肿、脚气、黄疸、泻痢、便血、痈肿；桂圆则可以益气、健脾，现代医学实践证明，桂圆还有美容、延年益寿的功效。

牛奶杏仁豆浆

食材

甜杏仁、黄豆、牛奶各适量

操作步骤

①先将黄豆漂洗，去除杂物，然后浸泡6小时，捞出待用；甜杏仁洗净后用热水泡开。

②将甜杏仁和黄豆放入豆浆机中，加水到上下水位线之间。

③接通电源，按"五谷豆浆"键，直到机器提示豆浆做好。

④滤掉豆浆的渣滓，把牛奶掺入豆浆中即可饮用。

营养贴士

杏仁中有非常丰富的蛋白质、脂肪、糖类、胡萝卜素，牛奶中则有大量的蛋白质和钙质，牛奶杏仁豆浆对于补充钙和蛋白质帮助很大。

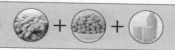

生菜果仁豆浆

食材

生菜、黄豆、黑豆、核桃仁、瓜子仁、花生仁各适量

操作步骤

①先将黄豆、黑豆漂洗，去除杂物，然后浸泡6小时，捞出待用；核桃仁、瓜子仁、花生仁用水洗净，沥干水分后待用；生菜洗净后切碎。

②将处理好的黄豆、黑豆、核桃仁、瓜子仁、花生仁、生菜一起放入豆浆机中，加水到上下水位线之间。

③接通电源，按"五谷豆浆"键，直到机器提示豆浆做好。

④滤掉豆浆的渣滓，倒入杯子中即可饮用。

营养贴士

此款豆浆主要含有蛋白质、膳食纤维、维生素A、B族维生素、维生素E、不饱和脂肪酸、亚油酸、钾、钙、铁、镁、锌、铜、甘露醇等成分，可以滋阴补肾、养血安神，对于心脑血管疾病和神经虚弱等症状具有很好的调理作用。

双瓜绿豆豆浆

食材

西葫芦、冬瓜、绿豆各适量

操作步骤

①先将绿豆漂洗，去除杂物，然后浸泡4小时，捞出待用；西葫芦和冬瓜洗净，切成细碎的小丁。

②将所有食材放入豆浆机中，加水到上下水位线之间。

③接通电源，按"果蔬豆浆"键，直到机器提示豆浆做好。

④滤掉豆浆的渣滓，倒入杯子中即可饮用。

营养贴士

此款豆浆主要含有蛋白质、氨基酸、碳水化合物、膳食纤维、钙、铁、磷、钾、镁、锰、锌、铜、硒、胡萝卜素、B族维生素、维生素C、维生素E等成分，可以促进体内胆固醇和甘油三酯的分解，对于防治高血脂、肝硬化等都具有很好的效果，但是腰腿冷痛的人不宜多饮。

食材

大白菜、小白菜、黄豆、食盐各适量

操作步骤

①先将黄豆漂洗，去除杂物，然后浸泡6小时，捞出待用；大白菜、小白菜择洗干净，切小块。

②将除食盐外的其他食材全部放入豆浆机中，加水到上下水位线之间。

③接通电源，按"果蔬豆浆"键，直到机器提示豆浆做好。

④滤掉豆浆的渣滓，倒入杯子中，加入适量食盐后即可饮用。

营养贴士

此款豆浆主要含有蛋白质、膳食纤维、多种维生素、胡萝卜素、钙、磷、钾、碘、镁、铁、铜、锌、硒、锰等成分，非常适合自身免疫功能低下、心血管功能较弱、脾胃虚寒的人饮用，但是如果患有腹泻、腹痛，则不要饮用。

白菜豆浆

生菜豆浆

食材

生菜、黄豆各适量

操作步骤

①先将黄豆漂洗，去除杂物，然后浸泡6小时，捞出待用；生菜洗净后切成小段待用。

②将生菜和黄豆放入豆浆机中，加水到上下水位线之间。

③接通电源，按"果蔬豆浆"键，直到机器提示豆浆做好。

④滤掉豆浆的渣滓，把牛奶掺入豆浆中即可饮用。

营养贴士

生菜味甘、性凉，属于凉性的碱性食物，生菜叶中含有莴苣素，故味微苦，具有镇痛催眠、降低胆固醇、辅助治疗神经衰弱、清热爽神、清肝利胆、养胃的功效。

健康养生 豆浆、米糊、果蔬汁

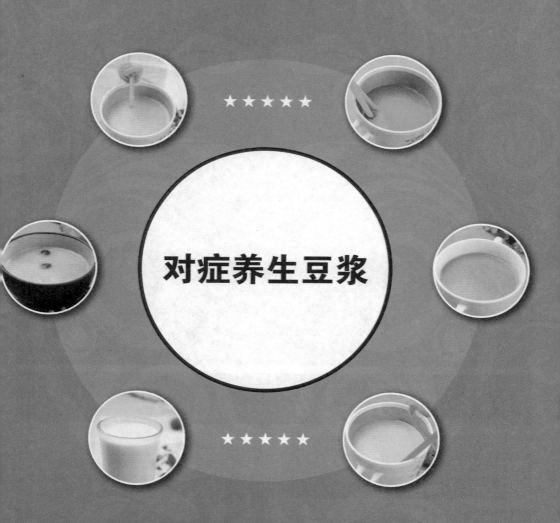

★ ★ ★ ★ ★

对症养生豆浆

★ ★ ★ ★ ★

玫瑰花茶豆浆

食材

玫瑰花茶 20 克，黄豆适量

操作步骤

①先将黄豆漂洗，去除杂物，然后浸泡6小时，捞出待用；玫瑰花茶放入茶壶中泡 15 分钟。

②将黄豆和玫瑰花茶水放入豆浆机中，加水到上下水位线之间。

③接通电源，按"五谷豆浆"键，直到机器提示豆浆做好。

④滤掉豆浆的渣滓，倒入杯子中即可饮用。

营养贴士

玫瑰花茶可以缓和情绪、平衡内分泌、补血气、美颜护肤，对肝及胃有调理的作用。

枸杞豆浆

食材

枸杞、黄豆各适量

操作步骤

①先将黄豆漂洗，去除杂物，然后浸泡6小时，捞出待用；枸杞洗净后泡好待用。

②将黄豆和枸杞放入豆浆机中，加水到上下水位线之间。

③接通电源，按"五谷豆浆"键，直到机器提示豆浆做好。

④滤掉豆浆的渣滓，倒入杯子中即可饮用。

营养贴士

此款豆浆含有胡萝卜素、维生素 B_1、维生素 B_2、烟酸、维生素C、维生素E、多种游离氨基酸、亚油酸、甜菜碱、铁、钾、锌、钙、磷等成分，对于提高机体免疫功能、增强机体抵抗力、促进细胞新生、降低血中胆固醇含量、抗动脉粥样硬化、改善皮肤弹性、抗脏器及皮肤衰老都有一定的功效。

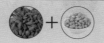

食材

红豆 100 克，白糖适量

操作步骤

①先将红豆漂洗，去除杂物，然后浸泡6小时，捞出待用。

②将经过浸泡的红豆放入豆浆机中，加水到上下水位线之间。

③接通电源，按"五谷豆浆"键，直到机器提示豆浆做好。

④滤掉豆浆的渣滓，倒入杯子中，加入适量白糖调味后即可饮用。

营养贴士

红豆被李时珍称为"心之谷"，红豆性质甘凉，多吃红豆可以健胃生津、祛湿益气，有助于提高人体的抵抗力，强健体质。另外，红豆清心养神，可以提高心脏动力，有养心的功效。

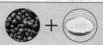

红豆养颜豆浆

33

黑豆蜂蜜豆浆

食材

黑豆 70 克，蜂蜜适量

操作步骤

①先将黑豆漂洗干净，去除杂质，然后浸泡 6 小时，捞出待用。

②将经过浸泡的黑豆放入豆浆机中，加水到上下水位线之间。

③接通电源，选择"湿豆豆浆"键，待豆浆打制完毕后，滤掉渣滓，加入适量蜂蜜即可饮用。

营养贴士

蜂蜜对于心脑血管非常有益，因而经常服用对于心血管疾病有一定的预防功效。另外，蜂蜜对肝脏有保健效果，能促进肝细胞再生，对脂肪肝的形成有一定的抑制功效。

小麦仁黄豆豆浆

食材

小麦仁、黄豆各适量

操作步骤

①先将黄豆漂洗，去除杂物，然后浸泡6小时，捞出待用；小麦仁洗净待用。

②将浸泡好的黄豆和小麦仁放入豆浆机中，加水到上下水位线之间。

③接通电源，按"五谷豆浆"键，直到机器提示豆浆做好。

④滤掉豆浆的渣滓，倒入杯子即可饮用。

营养贴士

黄豆、小麦仁二者搭配制成的豆浆，不仅具有口感浓郁、滑爽的特点，而且其胆固醇含量很低，纤维素较多，非常适合糖尿病人和患有骨科疾病的人饮用。

食材

核桃仁、黄豆各适量

操作步骤

①先将黄豆漂洗，去除杂物，然后浸泡6小时，捞出待用；核桃仁去皮洗净，切碎待用。

②将浸泡好的黄豆和核桃仁放入豆浆机中，加水到上下水位线之间。

③接通电源，按"果蔬豆浆"键，直到机器提示豆浆做好。

④滤掉豆浆的渣滓，倒入杯子中加入适量白糖即可饮用。

营养贴士

核桃主要的成分是脂肪，脂肪主要的成分是不饱和脂肪酸，经常食用有补气养血、润燥化痰、益命门、利三焦、温肺润肠等功效。

益智豆浆

茉莉绿茶豆浆

食材

茉莉花茶、绿茶、黄豆各适量

操作步骤

①先将黄豆漂洗，去除杂物，然后浸泡6小时，捞出待用；茉莉花茶洗净后和绿茶放入茶壶中泡15分钟。

②将浸泡好的黄豆和泡好的茶水放入豆浆机中，加水到上下水位线之间。

③接通电源，按"五谷豆浆"键，直到机器提示豆浆做好。

④滤掉豆浆的渣滓，倒入杯子中，点缀已经泡好的茉莉花即可饮用。

营养贴士

茉莉花具有清热解毒、理气安神、温中和胃、开郁辟秽、强心益肝、振脾健胃、抗菌消炎的功效，对于目赤肿痛、迎风流泪、血虚经闭等症状都有一定的治疗功效。

核桃杏仁露

食材

核桃、杏仁、黄豆各适量

操作步骤

①先将黄豆漂洗，去除杂物，然后浸泡6小时，捞出待用；杏仁洗干净之后去皮待用；核桃洗净后去皮待用。

②将黄豆、核桃、杏仁放入豆浆机中，加水到上下水位线之间。

③接通电源，按"五谷豆浆"键，直到机器提示豆浆做好。

④滤掉豆浆的渣滓，倒入杯子中即可饮用。

营养贴士

杏仁富含蛋白质、脂肪、糖类、胡萝卜素、B族维生素、维生素C、维生素P以及钙、磷、铁等营养成分，可以润肺止咳、滑肠通便、滋补养颜，还可以降低心脏病和肿瘤类疾病的发病几率，但是杏仁不宜多吃，一般每次食用不超过9克。

芝麻蜂蜜豆浆

食材

黑芝麻、蜂蜜、黄豆各适量

操作步骤

①先将黄豆漂洗，去除杂物，然后浸泡10~12小时，捞出待用；黑芝麻洗净待用。

②将经过浸泡的黄豆和黑芝麻一起放入豆浆机中，加水到上下水位线之间。

③接通电源，按"五谷豆浆"键，直到机器提示豆浆做好。

④滤掉豆浆的渣滓，倒入杯子中加入适量蜂蜜即可饮用。

营养贴士

此款豆浆是一种非常健康的豆浆，因为芝麻能够活化脑细胞，对于胆固醇水平的上升有抑制作用；而蜂蜜对心脑血管也很有好处，不仅如此，还能够保护肝脏。

红枣山药绿豆豆浆

食材

绿豆 50 克，山药 30 克，红枣适量

操作步骤

①先将绿豆漂洗，去除杂物，然后浸泡 10 小时，捞出待用；山药洗净去皮后切成小块；红枣洗净去核。

②将绿豆、山药块一起放入豆浆机中，加水到上下水位线之间。

③接通电源，按"五谷豆浆"键，直到机器提示豆浆做好。

④滤掉豆浆的渣滓，倒入杯子中，加入红枣即可饮用。

营养贴士

此款豆浆含有淀粉、蛋白质、B族维生素、维生素C、维生素E、葡萄糖、氨基酸、胆汁碱、薯蓣皂、尿囊素等营养成分，可以滋养肝肾、补中益气，对于治疗小便频繁、肾虚遗精、疲乏无力等具有一定的功效。

食材

绿豆、甘薯丁各适量

操作步骤

①先将绿豆漂洗，去除杂物，然后浸泡 10 小时，捞出待用。

②将绿豆和甘薯丁一起放入豆浆机中，加水到上下水位线之间。

③接通电源，按"五谷豆浆"键，直到机器提示豆浆做好。

④滤掉豆浆的渣滓，倒入杯子中即可饮用。

营养贴士

此款豆浆含有蛋白质、糖类、脂肪、磷、钙、铁、胡萝卜素、维生素 B_1、维生素 B_3、亚油酸等营养成分，可以补气、健脾、降血糖、助消化、预防骨质疏松，一般适合脾胃虚弱、肠胃功能欠佳的人饮用。

绿豆甘薯豆浆

生菜胡萝卜豆浆

食材

生菜、胡萝卜、黄豆各适量

操作步骤

①先将黄豆漂洗，去除杂物，然后浸泡6小时，捞出待用；胡萝卜削皮，洗净，切丁；生菜洗净后切碎待用。

②将所有食材一起放入豆浆机中，加水到上下水位线之间。

③接通电源，按"果蔬豆浆"键，直到机器提示豆浆做好。

④滤掉豆浆的渣滓，倒入杯子中即可饮用。

营养贴士

胡萝卜富含维生素A，可促进机体的正常生长发育，保证上皮组织的健康，防止呼吸道感染，保持视力正常，对于夜盲症和眼干燥症的治疗都有一定的功效。

雪梨猕猴桃豆浆

食材

雪梨、猕猴桃、黄豆各适量

操作步骤

①先将黄豆漂洗，去除杂物，然后浸泡6~8小时，捞出待用；雪梨去皮去核之后切成小块；猕猴桃洗净切开，去籽待用。

②将黄豆、雪梨、猕猴桃放入豆浆机中，加水到上下水位线之间。

③接通电源，按"果蔬豆浆"键，直到机器提示豆浆做好。

④滤掉豆浆的渣滓，倒入杯子中即可饮用。

营养贴士

猕猴桃味甘酸，性寒，含有硫醇蛋白酶的水解酶和超氧化物歧化酶，具有养颜、提高免疫力、抗癌、抗衰老、软化血管、抗肿消炎的效果，另外还具有生津解热、调中下气、止渴利尿、滋补强身的功效。

食材

黄豆、燕麦、栗子、白糖各适量

操作步骤

①先将黄豆、燕麦漂洗，去除杂物，然后浸泡10小时，捞出待用；栗子剥皮后切成小块。

②将经过浸泡的黄豆、燕麦和栗子放入豆浆机中，加水到上下水位线之间。

③接通电源，按"五谷豆浆"键，直到机器提示豆浆做好。

④滤掉豆浆的渣滓，倒入杯子中加入适量白糖即可饮用。

营养贴士

栗子是碳水化合物含量较高的干果品种，能供给人体较多的热能，并能帮助脂肪代谢。栗子中含有丰富的不饱和脂肪酸、多种维生素和矿物质，对于高血压、冠心病、动脉硬化等心血管疾病有一定的预防功效。

栗子燕麦甜豆浆

黄豆黄芪大米豆浆

食材

黄豆、黄芪、大米各适量

操作步骤

①先将黄豆漂洗，去除杂物，然后浸泡6小时，捞出待用；大米淘洗干净待用；黄芪洗净后泡水待用。

②将黄豆、大米和黄芪水放入豆浆机中，加水到上下水位线之间。

③接通电源，按"五谷豆浆"键，直到机器提示豆浆做好。

④滤掉豆浆的渣滓，倒入杯子中，加入黄芪即可饮用。

营养贴士

经常用黄芪煎汤或泡水代茶饮，具有良好的防病保健作用，黄芪以补虚为主，对于体衰日久、言语低弱、脉细无力的患者有一定的治疗功效。

蒲公英小米绿豆豆浆

食材

蒲公英茶、小米、绿豆各适量

操作步骤

①先将绿豆漂洗，去除杂物，然后浸泡6小时，捞出待用；小米淘洗干净，用水泡一小会儿；蒲公英茶洗净后泡水待用。

②将绿豆、小米、蒲公英茶水全部放入豆浆机中，加水到上下水位线之间。

③接通电源，按"五谷豆浆"键，直到机器

提示豆浆做好。

④滤掉豆浆的渣滓，倒入杯子中即可饮用。

营养贴士

蒲公英具有清热解毒、利尿散结的功效，对于急性乳腺炎、淋巴腺炎、瘰疬、疔毒疮肿、急性结膜炎、感冒发热、急性扁桃体炎、急性支气管炎都有一定的疗效。

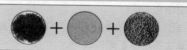

清口 龙井豆浆

食材

黄豆 70 克，龙井 5 克

操作步骤

①先将黄豆漂洗，去除杂物，然后浸泡 6~8 小时，捞出待用；龙井用井水泡好待用。

②将经过浸泡的黄豆放入豆浆机中，加水到上下水位线之间。

③接通电源，按"湿豆浆"键，直到机器提示豆浆做好。

④滤掉豆浆的渣滓，倒入杯子中，加入龙井茶（滤去茶叶）后即可饮用。

营养贴士

此款豆浆除具有一般豆浆丰富的营养物质之外，还含有维生素 C、氨基酸等生津止渴、抗氧化类营养物质，可以很好地抵抗肿瘤恶化，降低人体血液中脂肪和胆固醇的含量，适合患有肿瘤和想要美容养颜的人饮用。

五谷豆浆

食材

黄豆 35 克，绿豆、黑豆、薏米、红豆各 20 克，熟黑芝麻少许

操作步骤

①先将黄豆、绿豆、黑豆、红豆漂洗，去除杂物，然后浸泡 6～8 小时，捞出待用；薏米漂洗后浸泡约 3 小时待用。

②将经过浸泡的薏米、黄豆、绿豆、黑豆、红豆一起放入豆浆机中，加水到上下水位线之间。

③接通电源，按"五谷豆浆"键，直到机器提示豆浆做好。

④滤掉豆浆的渣滓，倒入杯子中，撒入黑芝麻即可饮用。

营养贴士

中医学认为食物可以分为五种颜色，每种颜色的食物可以对人体五脏产生一定的补益作用，此款豆浆把黄豆、绿豆、黑豆、薏米、红豆等五种颜色的豆类放在一起，可以起到保护人体五脏的作用，而且营养非常全面，适用范围较广。

食材

黄豆 60 克，红豆 30 克，鲜百合 20 克，白糖适量

操作步骤

①将黄豆、红豆分别漂洗，去除杂物，黄豆浸泡 10 小时，红豆浸泡 6 小时，捞出待用；鲜百合用水清洗干净，分瓣待用。

②将除白糖外的所有食材放入豆浆机中，加水到上下水位线之间。

③接通电源，按"五谷豆浆"键，直到机器提示豆浆做好。

④滤掉豆浆的渣滓，倒入杯子中，依个人口味加入适量白糖即可饮用。

营养贴士

此款豆浆含有丰富的蛋白质、脂肪、钙、磷、铁、胡萝卜素等营养物质，并具有滋补和强化心脏机能的作用。

红豆百合豆浆

红枣莲子豆浆

红枣、莲子、黄豆、白糖各适量

操作步骤

①先将黄豆漂洗，去除杂物，然后浸泡10小时，捞出待用；莲子洗净后泡发，切碎待用；红枣洗净去核，切碎待用。

②将黄豆、莲子、红枣一起放入豆浆机中，加水到上下水位线之间。

③接通电源，按"五谷豆浆"键，直到机器提示豆浆做好。

④滤掉豆浆的渣滓，倒入适量白糖搅拌均匀，撒上红枣、莲子即可饮用。

营养贴士

此款豆浆中集合了红枣和莲子的营养成分，具有滋阴益气、养血安神、补脾胃、清热解毒的功效。

苹果大米豆浆

食材

苹果、大米、黄豆各适量

操作步骤

①先将黄豆漂洗，去除杂物，然后浸泡6小时，捞出待用；大米淘洗干净后待用；苹果削皮，去核，切丁。

②将所有食材一起放入豆浆机中，加水到上下水位线之间。

③接通电源，按"果蔬豆浆"键，直到机器提示豆浆做好。

④滤掉豆浆的渣滓，倒入杯子中即可饮用。

营养贴士

此款豆浆主要含有蛋白质、维生素A、B族维生素、维生素C、胡萝卜素、钙、磷、铁、钾、钠、镁、氯、铣、膳食纤维、天门冬素、苏氨酸等成分，可以滋阴补肝、宽肠利尿，对于由火气引起的头晕目眩、痢疾、风火赤眼都具有调理功能，适合心烦、燥热、失眠多梦的人饮用。

香蕉荸荠豆浆

食材

蒲公英茶、香蕉、荸荠、黄豆各适量

操作步骤

①先将黄豆漂洗，去除杂物，然后浸泡6小时，捞出待用；荸荠削皮，洗净后切成小丁；香蕉剥皮，切成小块；蒲公英茶放入茶壶中，沸水泡15分钟。

②将经过浸泡的黄豆和香蕉块、荸荠丁一起放入豆浆机中，加入泡好的蒲公英和水到上下水位线之间。

③接通电源，按"果蔬豆浆"键，直到机器提示豆浆做好。

④滤掉豆浆的渣滓，倒入杯子中即可饮用。

营养贴士

此款豆浆主要含有蛋白质、氨基酸、碳水化合物、维生素A、B族维生素、维生素C、胡萝卜素、膳食纤维、磷、铁等成分，具有消炎抗菌、清热解毒、降低血压与血脂、软化血管的功效，可以很好地保护心脏的健康。

燕麦芝麻豆浆

食材

黄豆 50 克，燕麦 30 克，黑芝麻 10 克，白糖适量

营养贴士

此款豆浆含有钙、磷、铁、锌、油酸、亚油酸、软脂酸、硬脂酸等多种有效成分，可以补肝肾，益精血，润肠燥，调节肠道，提高自身免疫力，预防动脉硬化和高血压、高血脂，非常适合头晕眼花、耳鸣耳聋、须发早白、病后脱发、肠燥便秘、体虚自汗、多汗、易汗、盗汗者饮用。

操作步骤

①先将黄豆漂洗，去除杂物，然后浸泡 10 小时，捞出待用；黑芝麻和燕麦都漂洗干净。

②将经过浸泡的黄豆和黑芝麻、燕麦一起放入豆浆机中，加水到上下水位线之间。

③接通电源，按"五谷豆浆"键，直到机器提示豆浆做好。

④滤掉豆浆的渣滓，倒入杯子中，按照个人口味加入适量白糖即可饮用。

胡萝卜玉米豆浆

食材

胡萝卜、鲜玉米粒、黄豆各适量

操作步骤

①先将黄豆漂洗，去除杂物，然后浸泡6小时，捞出待用；胡萝卜削皮，洗净，切丁；鲜玉米粒洗净。

②将所有食材一起放入豆浆机中，加水到上下水位线之间。

③接通电源，按"果蔬豆浆"键，直到机器提示豆浆做好。

④滤掉豆浆的渣滓，倒入杯子中即可饮用。

营养贴士

此款豆浆主要含有蛋白质、氨基酸、多种维生素、胡萝卜素、钙、磷、镁、铁、硒、锌等成分，可以降低人体胆固醇和血清含量，促进新陈代谢，对于各种呼吸道疾病具有预防和缓解功效，除此之外，心脑血管患者饮用也是非常好的。

白菜葡萄豆浆

食材

白菜、葡萄干、黄豆、白糖各适量

操作步骤

①先将黄豆漂洗，去除杂物，然后浸泡6小时，捞出待用；白菜洗净，切成块；葡萄干用清水洗净。

②将除白糖外的所有食材一起放入豆浆机中，加水到上下水位线之间。

③接通电源，按"果蔬豆浆"键，直到机器提示豆浆做好。

④滤掉豆浆的渣滓，倒入杯子中，加入白糖即可饮用。

营养贴士

此款豆浆主要含有糖类、蛋白质、膳食纤维、维生素C、维生素P、胡萝卜素、维生素B₁、维生素B₂、维生素B₃、钙、钾、磷、铁、锌、钼等成分，可以滋阴补血、养胃生津、宽肠通便，调理便秘、小便失利等症状，适合贫血、肠胃功能弱、便秘人士饮用。

食材

菊花、雪梨、黄豆各适量

操作步骤

①先将黄豆漂洗，去除杂物，然后浸泡6~8小时，捞出待用；雪梨去皮、核，切成小块；干菊花用温水浸泡待用。

②将经过浸泡的黄豆和雪梨放入豆浆机中，加水到上下水位线之间。

③接通电源，按"果蔬豆浆"键，直到机器提示豆浆做好。

④滤掉豆浆的渣滓，倒入杯子中，冲泡菊花后即可饮用。

营养贴士

将黄豆、雪梨、菊花三者搭配制成豆浆，不仅口感香醇，而且清凉开胃，具有滋润脏腑、祛热降燥等作用，非常适合体质虚热的人饮用，一般建议夏季饮用。

菊花雪梨豆浆

玉米百合豆浆

食材

黄豆50克，冰糖15克，玉米、干百合各20克

操作步骤

①先将黄豆漂洗，去除杂物，然后浸泡6小时，捞出待用；玉米淘洗干净，浸泡2小时；干百合洗净，用清水浸泡2小时。

②将冰糖外的所有食材一起放入豆浆机中，加水到上下水位线之间。

③接通电源，按"五谷豆浆"键，直到机器提示豆浆做好。

④滤掉豆浆的渣滓，倒入杯子中，加入适量冰糖至化开后即可饮用。

营养贴士

此款豆浆含有淀粉、蛋白质、脂肪、碳水化合物、粗纤维、多种维生素、钙、磷、铁等多种营养成分，可以补脾益胃、健脾渗湿、补肺清热，用于水肿、脚气、小便不利、湿痹拘挛、脾虚泄泻等症状的治疗，还具有利尿消肿、润肺止咳、清心安神、补充能量、养颜护肤、抑癌抗瘤等功效，并可以明显提高睡眠质量。

黑豆百合豆浆

食材

黑豆 50 克，干百合 25 克，冰糖 15 克

操作步骤

①先将黑豆漂洗，去除杂物，然后浸泡 8～12 小时，捞出待用；干百合洗净，泡软。

②将经过浸泡的黑豆、百合放入豆浆机中，加水到上下水位线之间。

③接通电源，按"五谷豆浆"键，直到机器提示豆浆做好。

④滤掉豆浆的渣滓，倒入杯子中，加入冰糖搅拌至化开后即可饮用。

营养贴士

此款豆浆含有蛋白质、脂肪、碳水化合物、粗纤维、多种维生素、钙、磷、铁等成分，可以润肺止咳、清火养阴、清心安神，用于辅助神经衰弱、虚烦惊悸、肺痨咯血、肺虚久咳、余热未清、心烦口渴等症的治疗。

葛花蜂蜜豆浆

食材

葛花、黄豆、蜂蜜各适量

操作步骤

①先将黄豆漂洗，去除杂物，然后浸泡6小时，捞出待用；葛花放入茶壶中，加入沸水泡15分钟。

②将经过浸泡的黄豆和葛花水一起放入豆浆机中，加水到上下水位线之间。

③接通电源，按"五谷豆浆"键，直到机器提示豆浆做好。

④滤掉豆浆的渣滓，倒入杯子中加入适量蜂蜜后即可饮用。

营养贴士

此款豆浆浆主要含有蛋白质、氨基酸、膳食纤维、维生素A、B族维生素、维生素E、胡萝卜素、钙、磷、钾、镁、硼、铁、硫、异黄酮、挥发油等成分，一般来说可以用于日常解酒醒肝，以及缓解由于酒精导致的发热、呕吐、不思饮食等症状，另外，在防治病方面，一般患有脂肪肝、肝硬化等疾病的人都可以经常饮用。

豆芽白菜豆浆

食材

豆芽、白菜、黄豆各适量

操作步骤

①先将黄豆漂洗，去除杂物，然后浸泡6小时，捞出待用；白菜洗净，切成小块；豆芽用清水漂洗干净。

②将经过浸泡的黄豆、豆芽、白菜一起放入豆浆机中，加水到上下水位线之间。

③接通电源，按"果蔬豆浆"键，直到机器提示豆浆做好。

④滤掉豆浆的渣滓，倒入杯子中即可饮用。

营养贴士

此款豆浆主要含有蛋白质、膳食纤维、钙、磷、铁、锌、钼、胡萝卜素、维生素C、维生素 B_1、维生素 B_2、维生素 B_3 等成分，有润肺生津、清热解毒、提高人体免疫力和抗病能力的作用，非常适合因肺热而咳嗽的人饮用，但是体质寒凉的人要限制饮用。

食材

黄豆、干小麦仁各50克

操作步骤

①先将黄豆漂洗，去除杂物，然后浸泡10~12小时，捞出待用；干小麦仁洗净待用。

②将经过浸泡的黄豆和麦仁放入豆浆机中，加水到上下水位线之间。

③接通电源，按"五谷豆浆"键，直到机器提示豆浆做好。

④滤掉豆浆的渣滓，倒入杯子中即可饮用。

营养贴士

黄豆、麦仁二者搭配制成的豆浆，不仅具有口感浓郁、滑爽的特点，而且其胆固醇含量很低，纤维素较多，非常适合糖尿病人和患有骨科疾病的人饮用。

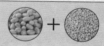

麦仁豆浆

薏米酸奶豆浆

食材

黄豆 35 克，薏米 20 克，酸奶适量

操作步骤

①先将黄豆漂洗，去除杂物，然后浸泡 6～8 小时，捞出待用；薏米漂洗后浸泡约 3 小时即可。

②将经过浸泡的薏米、黄豆一起放入豆浆机中，加水到上下水位线之间。

③接通电源，按"五谷豆浆"键，直到机器提示豆浆做好。

④滤掉豆浆的渣滓，倒入杯子中加入酸奶搅拌均匀即可饮用。

营养贴士

薏米的营养价值很高，营养作用较为缓和，微寒而不伤胃，益脾而不滋腻，薏米中的药用成分主要是薏苡仁酯，这一成分不仅具有滋补作用，而且还是一种抗癌剂，能抑制艾氏腹水癌细胞，对于胃癌和子宫颈癌有预防作用。

健康养生 豆浆、米糊、果蔬汁

★ ★ ★ ★ ★

中老年豆浆

★ ★ ★ ★ ★

核桃燕麦豆浆

食材

核桃仁、燕麦、黄豆各适量

操作步骤

①先将黄豆、燕麦漂洗，去除杂物，然后浸泡6小时，捞出待用；核桃仁去膜后洗净待用。

②将黄豆、核桃仁、燕麦一起放入豆浆机中，加水到上下水位线之间。

③接通电源，按"五谷豆浆"键，直到机器提示豆浆做好。

④滤掉豆浆的渣滓，倒入杯子中即可饮用。

营养贴士

核桃可以减少肠道对胆固醇的吸收，对动脉硬化、高血压和冠心病人有益，有温肺定喘和防止细胞老化的功效，还能有效地改善记忆力、延缓衰老并润泽肌肤。

红枣枸杞豆浆

食材

　黄豆 50 克，红枣、枸杞各适量

操作步骤

　①先将黄豆漂洗，去除杂物，然后浸泡 10 小时，捞出待用；红枣洗净去核；枸杞洗净后泡水待用。

　②将黄豆、枸杞水、红枣一起放入豆浆机中，加水到上下水位线之间。

　③接通电源，按"五谷豆浆"键，直到机器提示豆浆做好。

　④滤掉豆浆的渣滓，倒入杯子中即可饮用。

营养贴士

　此款豆浆含有淀粉、蛋白质、B 族维生素、维生素 C、维生素 E、葡萄糖、氨基酸、胆汁碱、薯蓣皂、尿囊素等营养成分，可以滋养肝肾、补中益气，对于治疗小便频繁、肾虚遗精、疲乏无力等具有一定的功效。

金桔大米豆浆

提示豆浆做好。

④滤掉豆浆的渣滓，倒入杯子中即可饮用。

食材

金桔干、大米、黄豆各适量

营养贴士

金桔的果实含有丰富的维生素C、金桔甙等成分，对维护心血管功能，防治血管硬化、高血压等疾病有一定的功效。

操作步骤

①先将黄豆漂洗，去除杂物，然后浸泡10小时，捞出待用；大米淘洗干净后待用；金桔干泡水待用。

②将黄豆、大米、金桔干水一起放入豆浆机中，加水到上下水位线之间。

③接通电源，按"五谷豆浆"键，直到机器

黑豆芝麻豆浆

食材

黑豆、黑芝麻、白糖各适量

操作步骤

①先将黑豆漂洗，去除杂物，然后浸泡6小时，捞出待用；黑芝麻洗净待用。

②将经过浸泡的黑豆和黑芝麻一起放入豆浆机中，加水到上下水位线之间。

③接通电源，按"五谷豆浆"键，直到机器提示豆浆做好。

④滤掉豆浆的渣滓，倒入杯子中加入适量白糖即可饮用。

营养贴士

此款豆浆中含有大量的铁和维生素，对于脑细胞很有好处，另外对于体内胆固醇的水平有控制作用，同时还具有解毒、润肺、滋阴补肾等功效。

食材

红豆、小米各适量

操作步骤

①先将红豆漂洗，去除杂物，然后浸泡6小时，捞出待用；小米淘洗干净后待用。

②将红豆、小米放入豆浆机中，加水到上下水位线之间。

③接通电源，按"五谷豆浆"键，直到机器提示豆浆做好。

④滤掉豆浆的渣滓，倒入杯子中即可饮用。

营养贴士

小米具有健脾和胃、补益虚损、和中益肾、除热解毒的特点，对于脾胃虚热、反胃呕吐的治疗有一定的功效。

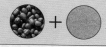

红豆小米豆浆

红枣绿豆豆浆

食材

红枣、绿豆、白糖各适量

操作步骤

①先将绿豆漂洗，去除杂质，然后浸泡6小时，捞出待用；红枣洗净后泡发待用。

②将经过浸泡的绿豆和红枣放入豆浆机中，加入合适的水。

③接通电源，按"湿豆豆浆"键，直到机器提示豆浆做好。

④滤掉豆浆的渣滓，按照个人口味加入适量白糖即可饮用。

营养贴士

红枣性温味甘，含有蛋白质、多种氨基酸、胡萝卜素、维生素、铁、钙、磷等物质，不仅能促进女性荷尔蒙的分泌，加强胸部发育，还有补益脾胃、调和药性、养血宁神的功效。

鲜山药黄豆豆浆

食材

黄豆 50 克，鲜山药 40 克

操作步骤

①先将黄豆漂洗，去除杂物，然后浸泡6小时，捞出待用；鲜山药洗净，去皮，切小块。

②将经过浸泡的黄豆和山药块一起放入豆浆机中，加水到上下水位线之间。

③接通电源，按"五谷豆浆"键，直到机器提示豆浆做好。

④滤掉豆浆的渣滓，倒入杯子中即可饮用。

营养贴士

此款豆浆含有淀粉、蛋白质、B族维生素、维生素C、维生素E、葡萄糖、氨基酸、胆汁碱、尿囊素等营养成分，可以固肾益精、补气、除湿、降低血糖含量，辅助治疗糖尿病、小便频繁的功效较好。

玫瑰花油菜黑豆豆浆

食材

玫瑰花茶、油菜、黑豆各适量

操作步骤

①先将黑豆漂洗，去除杂物，然后浸泡6小时，捞出待用；玫瑰花茶放入茶壶中泡15分钟；油菜洗净后切碎待用。

②将黑豆、油菜、玫瑰花茶水放入豆浆机中，加水到上下水位线之间。

③接通电源，按"果蔬豆浆"键，直到机器提示豆浆做好。

④滤掉豆浆的渣滓，倒入杯子中即可饮用。

营养贴士

油菜中含多种营养素，所含的维生素C比大白菜高1倍多，具有活血化瘀、解毒消肿、宽肠通便的功效。

燕麦糙米豆浆

食材

糙米、燕麦、黄豆各适量

操作步骤

①先将黄豆、燕麦、糙米漂洗，去除杂物，然后浸泡6小时，捞出待用。

②将黄豆、燕麦、糙米放入豆浆机中，加水到上下水位线之间。

③接通电源，按"五谷豆浆"键，直到机器提示豆浆做好。

④滤掉豆浆的渣滓，倒入杯子中即可饮用。

营养贴士

此款豆浆主要含有蛋白质、氨基酸、B族维生素、维生素E、膳食纤维、钾、镁、钙、锌、铁、锰、铬、钒等多种营养物质，可以帮助人体加速血液循环，帮助降血压、降血脂，所以很适合糖尿病患者饮用。

食材

玉米、银耳、枸杞、黄豆各适量

操作步骤

①先将黄豆漂洗，去除杂物，然后浸泡6小时，捞出待用；银耳洗净后用热水煮一下待用；枸杞洗净后用开水泡发待用；玉米洗净后切碎待用。

②将黄豆、玉米、枸杞、银耳放入豆浆机中，加水到上下水位线之间。

③接通电源，按"五谷豆浆"键，直到机器提示豆浆做好。

④滤掉豆浆的渣滓，倒入杯中即可饮用。

营养贴士

银耳味甘、淡，性平，无毒，既有补脾开胃的功效，又有益气清肠、滋阴润肺的功效，银耳富有天然植物性胶质，外加其具有滋阴的作用，是可以长期食用的良好润肤食品。

清甜玉米银耳豆浆

花生牛奶豆浆

拌均匀即可饮用。

食材

花生、牛奶、黄豆各适量

操作步骤

①先将黄豆漂洗，去除杂物，然后浸泡6小时，捞出待用；花生剥皮洗净后碾碎。

②将经过浸泡的黄豆和碾碎的花生一起放入豆浆机中，加水到上下水位线之间。

③接通电源，按"五谷豆浆"键，直到机器提示豆浆做好。

④滤掉豆浆的渣滓，倒入杯子中，加牛奶搅

营养贴士

此款豆浆中含有丰富的蛋白质、脂肪、糖类、维生素 A、维生素 B_6、维生素 E、维生素 K，以及矿物质钙、磷、铁等营养成分，尤其是钙的含量很高，对于人体补充钙质很有帮助。

金银花豆浆

食材

金银花、黄豆各适量

操作步骤

①先将黄豆漂洗，去除杂物，然后浸泡6小时，捞出待用；金银花洗净后泡水待用。

②将经过浸泡的黄豆和泡好的金银花水放入豆浆机中，加水到上下水位线之间。

③接通电源，按"湿豆豆浆"键，直到机器提示豆浆做好。

④滤掉豆浆的渣滓，倒入杯子中即可饮用。

营养贴士

金银花性寒，味甘，入肺、心、胃经，具有清热解毒、抗炎、补虚疗风的功效，主治胀满下疾、温病发热、热毒痈疡和肿瘤等症。

食材

绿豆、干百合、菊花各适量

操作步骤

①先将绿豆漂洗，去除杂物，然后浸泡6小时，捞出待用；干百合、干菊花洗净后泡水待用。

②将黄豆、泡百合和菊花的水倒入豆浆机中，加水到上下水位线之间。

③接通电源，按"湿豆豆浆"键，直到机器提示豆浆做好。

④滤掉豆浆的渣滓，倒入杯子中即可饮用。

营养贴士

菊花具有味辛，甘苦的特点，可以散风清热，平肝明目，对于风热感冒、头痛眩晕、目赤肿痛、眼目昏花有一定的治疗功效。

绿豆百合菊花豆浆

柠檬花生紫米豆浆

食材

柠檬、花生、紫米、黄豆各适量

操作步骤

①先将黄豆漂洗，去除杂物，然后浸泡6小时，捞出待用；花生剥皮洗净后碾碎待用；紫米洗净后待用；柠檬洗净后切开，泡水待用。

②将黄豆、紫米和花生倒入豆浆机中，加水到上下水位线之间。

③接通电源，按"五谷豆浆"键，直到机器提示豆浆做好。

④滤掉豆浆的渣滓，倒入柠檬水即可饮用。

营养贴士

紫米的主要成分是赖氨酸、色氨酸、维生素 B_1、维生素 B_2、叶酸、蛋白质、脂肪等多种营养物质，有补血益气、暖脾胃的功效，对于胃寒痛、消渴、夜尿频密等症有一定的治疗功效。

干果滋补豆浆

食材

松仁、莲子、黄豆各适量

操作步骤

①先将黄豆漂洗，去除杂物，然后浸泡6小时，捞出待用；松仁洗净后去皮待用；莲子洗净后泡发待用。

②将黄豆、松仁、莲子倒入豆浆机中，加水到上下水位线之间。

③接通电源，按"五谷豆浆"键，直到机器提示豆浆做好。

④滤掉豆浆的渣滓，倒入杯子中即可饮用。

营养贴士

松仁性温味甘，具有养阴、熄风、润肺、滑肠等功效，能治疗风痹、头眩、燥咳、吐血、便秘等症，健康人食之可减少疾病，增强体质。

食材

干百合、莲子、干银耳、绿豆各适量

操作步骤

①先将绿豆漂洗，去除杂物，然后浸泡6小时，捞出待用；干银耳洗净后泡发，撕成小朵待用；莲子洗净泡发，煮熟待用；干百合用温水泡发。

②将黄豆倒入豆浆机中，加水到上下水位线之间。

③接通电源，按"湿豆豆浆"键，直到机器提示豆浆做好。

④滤掉豆浆的渣滓，倒入杯子中即可饮用。

营养贴士

百合在医学上的价值很大，具有润肺止咳、宁心安神、美容养颜、防癌抗癌的功效，多食用百合对身体非常有益。

百合莲子豆浆

杏仁槐花豆浆

食材

杏仁、黄豆、槐花各适量

操作步骤

①先将黄豆漂洗，去除杂物，然后浸泡6~8小时，捞出待用；杏仁洗干净之后去皮待用；槐花洗净后泡开。

②将洗好的黄豆和杏仁一起放入豆浆机中，加水到上下水位线之间。

③接通电源，按"五谷豆浆"键，直到机器提示豆浆做好。

④滤掉豆浆的渣滓，把槐花撒入豆浆中即可饮用。

营养贴士

槐花味苦，性平，无毒，具有清热、凉血、止血、降压的功效，对吐血、尿血、痔疮出血、风热目赤、高血压病、高脂血症、颈淋巴结核、血管硬化、大便带血、糖尿病、视网膜炎、银屑病等病症的治疗功效也很明显。

菊花南瓜豆浆

食材

杭白菊、南瓜、黄豆、木糖醇各适量

操作步骤

①先将黄豆漂洗，去除杂物，然后浸泡6小时，捞出待用；南瓜去皮、去瓤，洗净，切成小块；杭白菊放入茶壶中，加入沸水泡15分钟。

②将经过浸泡的黄豆、南瓜块、杭白菊水一起放入豆浆机中，加水到上下水位线之间。

③接通电源，按"五谷豆浆"键，直到机器提示豆浆做好。

④滤掉豆浆的渣滓，倒入杯子中，加入木糖醇即可饮用。

营养贴士

此款豆浆主要含有蛋白质、氨基酸、碳水化合物、膳食纤维、果胶、钙、磷、铁、铬、胡萝卜素、天门冬素、多种维生素等成分，可以提高人体造血功能、促进人体代谢、清热解毒、降低人体血糖水平、防癌抗癌。

71

榛子杏仁豆浆

食材

　　黄豆 60 克，榛子、杏仁各 20 克，白糖适量

操作步骤

　　①先将黄豆漂洗，去除杂物，然后浸泡 10 小时，捞出待用；杏仁碾碎；榛子去壳后碾碎。

　　②将除白糖外的所有食材一起放入豆浆机中，加水到上下水位线之间。

　　③接通电源，按"五谷豆浆"键，直到机器提示豆浆做好。

　　④滤掉豆浆的渣滓，倒入杯子中，加入适量白糖调味后即可饮用。

营养贴士

　　此款豆浆含有丰富的不饱和脂肪酸、蛋白质、胡萝卜素、维生素 A、维生素 C、维生素 E、B 族维生素以及铁、锌、磷、钾等成分，可以补脾胃、益气血，对于身体虚弱、病后虚弱的人都具有很好的补养作用，也可用于美容养颜、延缓衰老。

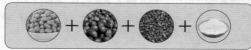

核桃花生豆浆

食材

黄豆、大米各 50 克，花生仁 20 ，核桃仁适量

操作步骤

①先将黄豆漂洗，去除杂物，然后 泡 10 小时，捞出待用；大米淘洗干净。

②将黄豆、大米、花生仁、核桃仁 起放入豆浆机中，加水到上下水位线之间。

③接通电源，按"五谷豆浆"键， 到机器提示豆浆做好。

④滤掉豆浆的渣滓，倒入杯子中即 饮用。

营养贴士

此款豆浆含有脂肪油、蛋白质、 、磷、铁、胡萝卜素、维生素 B_1、维生素 B_2 糖类、烟酸等有效成分，可以用于治疗神经 弱、失眠多梦等症状，从而改善睡眠质量。 外，用于固精强肾、滋补脾胃的效果也很好

食材

黄豆 50 克，榛仁 25 克，白糖适量

操作步骤

①先将黄豆漂洗，去除杂物，然后浸泡 6 ~ 8 小时，捞出待用；榛仁用清水微泡到发软。

②将经过浸泡的黄豆、榛仁放入豆浆机中，加水到上下水位线之间。

③接通电源，按"五谷豆浆"键，直到机器提示豆浆做好。

④滤掉豆浆的渣滓，倒入杯子中，加入适量白糖调味后即可饮用。

营养贴士

此款豆浆含有丰富的蛋白质、不饱和脂肪酸、胡萝卜素、维生素 A、维生素 C、维生素 E、B 族维生素以及铁、锌、磷、钾等成分，可以补脾胃、益气血，对于身体虚弱、病后虚弱的人都具有补益作用，用于美容养颜、延缓衰老的效果也很好。

榛仁豆浆

香蕉果仁豆浆

食材

香蕉、瓜子仁、黄豆、白糖各适量

操作步骤

①先将黄豆漂洗，去除杂物，然后浸泡6小时，捞出待用；香蕉剥皮，切成块；瓜子仁用清水洗净。

②将除白糖外的所有食材一起放入豆浆机中，加水到上下水位线之间。

③接通电源，按"五谷豆浆"键，直到机器提示豆浆做好。

④滤掉豆浆的渣滓，倒入杯子中，依照个人口味加入白糖后即可饮用。

营养贴士

此款豆浆主要含有蛋白质、氨基酸、卵磷脂、膳食纤维、维生素 A、维生素 E、维生素 B_1、维生素 B_2、维生素 B_3、钙、磷、钾、铁、锌、硒、镁等成分，可以增强人体免疫力，抑制癌细胞的扩散，另外，也可用于经常出现疲乏无力、失眠健忘等症状的人进行调理。

栗子芝麻豆浆

食材

黄豆 60 克，栗子 30 克，黑芝麻 10 克，白糖适量

操作步骤

①先将黄豆漂洗，去除杂物，然后浸泡 10 小时，捞出待用；黑芝麻洗干净之后碾碎待用；栗子剥皮后切成小块。

②将黄豆、黑芝麻、栗子块一起放入豆浆机中，加水到上下水位线之间。

③接通电源，按"五谷豆浆"键，直到机器提示豆浆做好。

④滤掉豆浆的渣滓，倒入杯子中，加入适量白糖搅拌均匀即可饮用。

营养贴士

此款豆浆含有脂肪、钙、磷、铁、钾、脂肪酸、胡萝卜素、油酸、亚油酸、软脂酸、硬脂酸等营养成分，可以调理脾胃、滋养肝肾、美容润燥，对于由肾虚导致的肢体酸软、疲乏无力、小便频急等具有一定的调理功效，脾肾功能较弱的人可以多饮用。

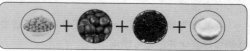

百合枸杞豆浆

食材

黄豆 60 克，枸杞、鲜百合各 30 克，冰糖 10 克

操作步骤

①先将黄豆漂洗，去除杂物，然后浸泡 10 小时，捞出待用；枸杞洗干净之后浸泡一小会儿；鲜百合清洗干净后分开瓣待用。

②将除冰糖之外的其他食材一起放入豆浆机中，加水到上下水位线之间。

③接通电源，按"湿豆豆浆"键，直到机器提示豆浆做好。

④滤掉豆浆的渣滓，倒入杯子中，加入适量冰糖搅拌至化开后即可饮用。

营养贴士

此款豆浆含有淀粉、蛋白质、脂肪、氨基酸、多糖、百合苷、胡萝卜素、甜菜碱、维生素 A、维生素 B_1、维生素 B_2、维生素 C 和钙、磷、铁等有效成分，可以促进肝脏细胞新生，润肺止咳，养肝明目，提高人体免疫功能，另外，百合和枸杞搭配，可以用于神经紧张或其他原因导致的虚烦惊悸、失眠多梦的防治。

南瓜双豆豆浆

食材

南瓜 70 克，绿豆 20 克，黄豆 50 克

操作步骤

①先将黄豆、绿豆漂洗，去除杂物，然后浸泡 10~12 小时，捞出待用；南瓜去皮、瓤后切成小块。

②将经过浸泡的黄豆、绿豆和南瓜块一起放入豆浆机中，加水到上下水位线之间。

③接通电源，按"五谷豆浆"键，直到机器提示豆浆做好。

④滤掉豆浆的渣滓，倒入杯子中即可饮用。

营养贴士

此款豆浆含有氨基酸、活性蛋白、类胡萝卜素、磷、镁、铁、铜、锰、铬、硼等营养物质，可以化痰排脓、治咳止喘、驱虫解毒、降低血糖与血脂的含量，是适合糖尿病人饮用的降糖佳品。

食材

黄豆 60 克，荞麦 30 克，山楂 15 克，冰糖 10 克

操作步骤

①先将黄豆漂洗，去除杂物，然后浸泡 10~12 小时，捞出待用；荞麦淘洗干净后浸泡 2 小时捞出待用；山楂洗净后去核和蒂。

②将经过浸泡的黄豆、荞麦和山楂一起放入豆浆机中，加水到上下水位线之间。

③接通电源，按"五谷豆浆"键，直到机器提示豆浆做好。

④滤掉豆浆的渣滓，倒入杯子中，加入适量冰糖化开后即可饮用。

营养贴士

此款豆浆含有酒石酸、柠檬酸、皂甙、果糖、维生素 C、维生素 B、烟酸、钙、铁、硒、黄酮类物质等营养成分，可以开胃消食、促进神经系统兴奋、改善心脏活力、降低血压和胆固醇含量、防衰老、抗癌症、软化血管，适合三高人饮用。

山楂荞麦豆浆

高粱小米抗失眠豆浆

食材

黄豆60克，高粱米、小米各30克，冰糖10克

操作步骤

①先将黄豆漂洗，去除杂物，然后浸泡10小时，捞出待用；高粱米和小米都用清水漂洗干净。

②将黄豆、高粱米、小米一起放入豆浆机中，加水到上下水位线之间。

③接通电源，按"五谷豆浆"键，直到机器提示豆浆做好。

④滤掉豆浆的渣滓，倒入杯子中，加入适量冰糖至化开后即可饮用。

营养贴士

此款豆浆含有蛋白质、脂肪、碳水化合物、膳食纤维、胆固醇、维生素A、胡萝卜素、视黄醇、硫胺素、核黄素、烟酸、维生素C等多种营养成分，可以维持和促进肠道蠕动，通便，止泄，养阴补虚。另外，小米中含有丰富的色氨酸，可以增强人的睡眠欲望，缓解失眠症状。此款豆浆适用于脾胃气虚、大便溏薄的人，但是糖尿病患者应禁食高粱，大便燥结以及便秘者应少食或不食高粱。

★ ★ ★ ★ ★

营养健康米糊

★ ★ ★ ★ ★

常喝米糊身体好 <<<

米糊在我国的历史非常悠久，因其是细致的糊状物质，状态介于水性和干性之间，和人的肠胃非常协调，人体对其的吸收率可以高达 95%，所以备受重视，历来作为病人或者老幼的滋补美食。

米糊一般都不是一种食材制作而成的，经常是加入五谷杂粮混合而成的，相对单一的食物来说，营养成分更加均衡和全面，可以生胃津、补脾胃、补实益，非常养人。尤其是作为特殊人群的饮食，其优点更加突出。老人的脏体器官功能退化，消化和吸收效果较差，一般饮食的营养吸收较少，难以为其提供充足的能量物质，而米糊的吸收率很高，吃到肚子里的营养就可以大部分转化吸收，效率很高。另外，婴儿也是一类肠胃功能不健全的人，他们有的没有很好的消化吸收功能，有的处于从食用人奶到自己独立吃食物的转化过程，在这个过程中食用米糊是非常滋补而且有益于肠胃的。

即使是正常的人，经常食用一些米糊也是有好处的，不仅可以内在调理身体，而且可以美容养颜，爱美的女性为什么不试一试呢？

过去的米糊制作非常麻烦，不仅需要提前研磨食材，而且熬制的过程中要很好地掌握火候，经常容易熬制焦煳。现在我们使用功能齐全的五谷豆浆机熬制米糊，不仅快速方便，而且干净卫生，同时也大大节省了上班族的时间。

如何制作米糊 <<<

米糊无论是作为日常饮食，还是作为特殊人群的滋补用品，都是非常好的。在豆浆机较为普及的今天，要怎么用豆浆机制作出香浓的米糊呢？

①准备好有米糊功能键的豆浆机，适量的大米以及饮用水。

②把适量大米放在冷水中淘洗一下，如果有杂物，要及时去掉，以保证大米干净和清洁。

③将淘洗好的大米放在大小合适的容器中浸泡一段时间，一般时间不要太长。

④将大米沥水后放在豆浆机的杯具中，然后根据要求加水到合适的刻度。

⑤盖上豆浆机的盖子，然后接上电源，打开开关。选择豆浆机上的"米糊"功能键，豆浆机就开始打制米糊了。

⑥当打制停止后，把打好的米糊倒出来，同时根据需要加上适当的调味品就可以喝了。

特别提醒

通常来说，豆浆机都具有烧煮米糊的功能，所以打制好的米糊都是熟的，是可以直接饮用的。但是，当您使用的豆浆机不具备这一功能的时候，就一定要注意把打好的米糊盛出熬煮后再食用，防止生米糊影响您的健康。

另外，熬制米糊的食材是多种多样的，在具体操作过程中，可以根据自己拥有的材料以及一定的制作要求，加入多种食材，以满足您的不同要求。一般来说，婴儿米糊中可以加入牛奶、橙汁、土豆泥、胡萝卜等食材，促进宝宝的成长发育。而给家里的老人和病人熬制米糊的时候，可以根据需要分别添加芝麻、枸杞、花生、红枣、百合等食材。

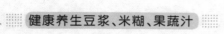

米糊常用食材表 <<<

名称	图片	营养成分	功效
苹果		糖类、维生素A、锌、磷、铁	降低胆固醇、通便和止泻、降血压、增进记忆、提高智能
香蕉		糖类、蛋白质、果胶、钾、钙、磷、铁	减轻心理压力、解除忧郁、预防中风和高血压、降血压、保护血管
雪梨		葡萄糖、苹果酸、蛋白质、脂肪、钙、磷、铁、胡萝卜素、维生素B_1、维生素B_2、维生素B_3、抗坏血酸	阻断咳嗽反射、滋阴润肺、去除肺燥肺热、利尿、消水肿、增强皮肤张力
番茄		胡萝卜素、维生素B_1、维生素B_2、维生素B_3、维生素C、维生素K、维生素P、苹果酸、柠檬酸、蛋白质、脂肪、粗纤维、钙、磷、铁	增加胃酸浓度、调整胃肠功能、降脂、降压、利尿排钠、防止脑血栓、抗氧化
柠檬		糖类、柠檬酸、苹果酸、橙皮苷、柚皮苷、维生素B_1、维生素B_2、维生素B_3、维生素C、钙、磷、铁	止渴生津、祛暑、疏滞、健胃、止痛、利尿、调剂血管通透性、美白、祛斑
木瓜		番木瓜碱、木瓜蛋白酶、木瓜凝乳酶、番茄红素、B族维生素、维生素C、维生素E、糖分、蛋白质、脂肪、胡萝卜素、隐黄素、蝴蝶梅黄素	健脾消食、杀虫抗痨、通乳、缓解痉挛疼痛、防治高血压
胡萝卜		蛋白质、脂肪、碳水化合物、胡萝卜素、抗坏血酸、钾、钠、钙、镁、铁	增强人体免疫力、抗癌、防治血管硬化、降胆固醇、润肤、抗衰老
枸杞		钾、钠、钙、镁、铁、铜、锰、锌、氨基酸、甜菜碱	滋补调养、抗衰老、免疫调节、降血压、防治脂肪肝
山楂		柠檬酸、皂苷、果糖、维生素C、B族维生素、钙、铁、硒	扩张血管、强心、增加冠脉血流量、改善心脏活力、兴奋中枢神经系统、降低血压和胆固醇、软化血管、利尿、镇静
玉米		糖类、蛋白质、胡萝卜素、黄体素、玉米黄质、磷、镁、钾、锌	健脾益胃、利水渗湿、抗衰老、防治便秘、防治动脉硬化、防癌、利胆、利尿、降血糖
山药		蛋白质、B族维生素、维生素C、维生素E、葡萄糖、粗蛋白、氨基酸	健脾、除湿、补气、益肺、固肾、益精
红薯		蛋白质、糖类、脂肪、磷、钙、铁、胡萝卜素	和血补中、宽肠通便、增强免疫功能
南瓜		多糖、氨基酸、胡萝卜素、磷、镁、铁、铜、锰、铬、硼	润肺益气、化痰排脓、驱虫解毒、治咳止喘、治疗肺痈、防治便秘
小白菜		叶酸、维生素A、维生素C、胡萝卜素、钾、钙、磷、粗纤维	清热除烦、行气祛瘀、消肿散结、通利胃肠
大白菜		纤维素、胡萝卜素、维生素C、钙、磷、钠、镁、铁、锌	清热解毒、祛除烦躁、生津解渴、利尿通便

续表

名称	图片	营养成分	功效
生菜		维生素C、钙、铁、铜、纤维素	清热利尿、镇痛催眠
莲藕		淀粉、蛋白质、天门冬素、维生素C、氧化酶、钙、磷、铁	清热生津、凉血止血、补益脾胃、益血生肌
菠菜		膳食纤维、维生素B$_1$、维生素B$_2$、钾、钠、钙、镁	清热除烦、滋阴平肝、补血止血、润燥滑肠
油菜		B族维生素、维生素C、钙、铁、钾、胡萝卜素	活血化瘀、解毒消肿、宽肠通便、强身健体
茼蒿		B族维生素、维生素C、钾、钠、镁、钙、丝氨酸、苏氨酸、丙氨酸、天门冬素	润肺化痰、清血养心、利尿消肿、通便排毒
西蓝花		维生素A、B族维生素、维生素C、铁、磷、胡萝卜素	补肾填精、健脑壮骨、补脾和胃
苦瓜		粗蛋白、粗纤维、钙、磷、铁、胡萝卜素、维生素C	清热解暑、明目解毒
生姜		姜醇、姜烯、天门冬素、谷氨酸、丝氨酸、甘氨酸	开胃止呕、发汗解表
雪里蕻		蛋白质、脂肪、钙、磷、铁、B族维生素、维生素C	解毒消肿、开胃消食、温中利气、明目利膈
蘑菇		蛋白质、脂肪、粗纤维、钾、钙、磷、铁、多糖、多种维生素、氨基酸	补脾益气、润燥化痰
洋葱		蛋白质、膳食纤维、维生素C、维生素E、钾、钙、镁、锌、硒	健胃宽中、理气进食
紫薯		淀粉、膳食纤维、胡萝卜素、多种维生素、钾、铁、铜、硒、钙	补虚乏、益气力、健脾胃、强肾阴
莴笋		钾、钙、镁、锌、磷、铜、膳食纤维、胡萝卜素	清热利尿、活血通乳
黄豆芽		蛋白质、脂肪、糖类、钙、磷、铁、B族维生素、维生素C	清热利湿、消肿除痹、健脾养肝
冬瓜		蛋白质、碳水化合物、钙、钾、磷、铁、维生素C、丙醇二酸	清热解毒、润肺化痰、除烦止渴、利水消肿
黄瓜		膳食纤维、B族维生素、维生素E、钙、镁、铁、锰、丙醇二酸、葫芦素	清热利水、解毒消肿、生津止渴
丝瓜		维生素C、维生素B$_1$、钙、磷、铁、植物黏液、丝瓜苦味质、瓜氨酸	清热解暑、生津止渴
芹菜		蛋白质、脂肪、碳水化合物、纤维素、维生素、矿物质	甘凉清胃、涤热祛风、养精益气、补血健脾、止咳利尿、降压镇静
西葫芦		维生素C、葡萄糖、钙、胡萝卜素、蛋白质	清热利尿、除烦止渴、润肺止咳、消肿散结

83

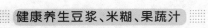

续表

名称	图片	营养成分	功效
茴香		蛋白质、脂肪、膳食纤维、烟酸、钾、钙、铁、锌、磷、硒	开胃进食、理气散寒
香菜		维生素C、胡萝卜素、B族维生素、钙、铁、磷、镁	健胃消食、发汗透疹、利尿通便、驱风解毒
桂圆		蛋白质、B族维生素、维生素C、磷、钙、铁、胆碱	补脾益胃、养血安神、健脑益智
油桃		糖类、有机酸、蛋白质、脂肪、维生素C、B族维生素、胡萝卜素	养阴生津、补益气血、润肠消积、丰肌美肤
红枣		蛋白质、氨基酸、脂肪、糖类、有机酸、维生素A、维生素C、维生素P、钙	补脾、养血安神、驻颜祛斑、健美丰肌
百合		蛋白质、脂肪、碳水化合物、粗纤维、多种维生素、钙、磷、铁	润肺止咳、清心安神、清火养阴
银耳		碳水化合物、蛋白质、氨基酸、维生素D、钙、磷、铁、钾、钠、镁、硫	补脾开胃、益气清肠、安眠、健胃、补脑、养阴、清热、润燥
核桃		蛋白质、脂肪、碳水化合物、钙、磷、铁	润燥化痰、温肺润肠、散肿排毒
花生		维生素、钙、铁、硫胺素、核黄素、烟酸	延缓衰老、滋血通乳、增强记忆
芝麻		脂肪、蛋白质、膳食纤维、B族维生素、维生素E、卵磷脂、钙	补肝肾、益精血、润肠燥、延年益寿
栗子		糖类、蛋白质、脂肪、多种维生素、无机盐	抗衰老、补肾强筋、活血止血、延年益寿
菊花		蛋白质、脂肪、膳食纤维、碳水化合物、胡萝卜素、核黄素、烟酸、维生素C	清热除火、生津止渴、解毒、安神除烦、明目、消炎止痛
薏米		淀粉、蛋白质、多种维生素、氨基酸	健脾益胃、补肺清热、祛风胜湿、镇静、镇痛、解热、利尿消肿、补充能量、养颜护肤、抑癌、抗瘤
小米		蛋白质、脂肪、B族维生素、钙、钾、纤维素	养胃、通便、止泻、补血益气、健脾、降血糖、消渴、补虚
高粱		蛋白质、脂肪、碳水化合物、膳食纤维、胆固醇、维生素A、胡萝卜素	和胃、消积、温中、涩肠胃、止霍乱
莲子		蛋白质、脂肪、糖类、钙、磷、铁	健脾止泻、补肾固涩、抗衰老、降血压、抗心律失常、抗心肌缺血
黄豆		碳水化合物、脂肪、蛋白质、纤维素、维生素B₁₂、钙、磷、铁、胡萝卜素	健脾宽中、润燥消水、清热解毒、增强机体免疫功能、降血糖、降血脂

黑芝麻米糊

食材

核桃 50 克，红枣 100 克，黑芝麻 250 克，粳米粉 175 克，糯米粉 75 克，白糖适量

操作步骤

①粳米粉和糯米粉下锅，小火炒黄，闻上去有少许焦香味即可，然后倒入黑芝麻翻炒，直至黑芝麻炒熟；核桃去壳后洗净；红枣去核后切成小块。

②把除白糖外的所有食材全部放入豆浆机中，加入适量水，按下豆浆机上的"米糊"键，打制成米糊。

③把米糊盛入碗中，加入适量白糖调匀即可。

营养贴士

此款米糊含有蛋白质、脂肪、维生素 E、维生素 B_1、维生素 B_2、卵磷脂、维生素 E、亚油酸、氨基酸、钙、磷、铁等营养成分，具有滋养肝肾、滑肠润燥的功效，非常适合头发早白、大便秘结的中老年人食用。

牛奶花生芝麻糊

食材

牛奶、粳米、花生、黑芝麻、生菜、白糖各适量

操作步骤

①粳米提前30分钟淘洗并浸泡待用；花生洗净后剥皮碾碎待用；生菜洗净切成碎叶待用。

②把除牛奶、白糖外所有食材全部放入豆浆机中，加入适量水，按下豆浆机上的"米糊"键，打制成米糊。

③把米糊盛入碗中加入适量牛奶调匀，加入适量白糖调匀即可。

营养贴士

此款米糊主要含有蛋白质、脂肪、碳水化合物、钙、磷、铁、镁、钾、锌、硒、铜、锰、多种维生素等成分，可以滋养肝肺、补益脾胃、调理阴虚，对于更年期综合征、失眠易怒、气血不足、体质虚弱等具有很好的食补效果。

芝麻首乌米糊

食材

首乌、粳米粉、黑芝麻、白糖各适量

操作步骤

①粳米粉下锅，小火炒黄，闻上去有少许焦香味即可，然后倒入黑芝麻翻炒，直至黑芝麻炒熟；首乌洗净后碾碎待用。

②把除白糖外所有食材全部放入豆浆机中，加入适量水，按下豆浆机上的"米糊"键，打制成米糊。

③把米糊盛入碗中加入适量白糖调匀即可。

营养贴士

首乌可以养血滋阴、润肠通便、截疟、祛风、解毒，对于头昏目眩、心悸、失眠、肝肾阴虚导致的腰膝酸软、须发早白、耳鸣、疮痈、瘰疬、痔疮都有一定的治疗功效。

食材

大米 50 克，冰糖 10 克，薏米、红粳米、花生仁各 20 克

操作步骤

①大米、薏米淘洗干净，用清水浸泡 2 小时。

②把除冰糖外的所有食材全部放入豆浆机中，加入适量水，按下豆浆机上的"米糊"键，打制成米糊。

③把米糊盛入碗中，加入适量冰糖调匀即可。

营养贴士

此款米糊含有蛋白质、B 族维生素、钙、铁、食物纤维、氨基酸等营养成分，可以清热排脓、养血调经、健脾止泻、通利关节，对于关节疼痛、面部粗糙、水肿、小便不利、湿毒脚气具有很好的调理作用。

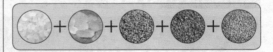

薏米米糊

八宝米糊

食材

红枣、莲子、百合、枸杞、核桃仁、花生仁、薏米、粳米、白糖各适量

操作步骤

①薏米提前6小时淘洗并浸泡；粳米提前30分钟淘洗并浸泡；莲子、百合用清水泡软；红枣洗净，切开后除去枣核；枸杞用清水洗净；核桃仁、花生仁洗净，沥水。

②把除白糖外所有食材全部放入豆浆机中，加入适量水，按下豆浆机上的"米糊"键，打制成米糊。

③把米糊盛入碗中加入适量白糖调匀即可。

营养贴士

此款米糊主要含有蛋白质、脂肪、氨基酸、多种维生素、钙、磷、铁、钾、硒、锌等成分，可以促进人体的新陈代谢、滋补肝肾、温和养胃、健脑养心，对于食欲不振、失眠体虚等症状有很好的调理功效。

青椒鳝鱼米糊

食材

鳝鱼肉、大米各 100 克，青椒 1 个，料酒 5 克，食盐适量

操作步骤

①鳝鱼肉洗净，揩干水分，切成小丁，与料酒拌匀腌 5 分钟；青椒洗净，去蒂和子，切丁；大米淘洗干净，浸泡 8 小时。

②将大米、鳝鱼、青椒放入豆浆机桶内，加入清水至上下水位线之间，接通电源，按"米糊"键，打制成米糊。

③把米糊盛入碗中加入适量食盐调匀即可。

营养贴士

青椒对糖尿病的并发症有缓解和抑制作用。鳝鱼中所含的"鳝鱼素"能降低和调节血糖。用这些食材熬制大米糊，可以抑制糖尿病并发症的发生，对于糖尿病人控制病情效果很好。

食材

脐橙、猕猴桃、粳米、白糖各适量

操作步骤

①粳米提前 30 分钟淘洗并浸泡；脐橙、猕猴桃去皮，果肉压成泥。

②把粳米放入豆浆机中，加入适量水，按下豆浆机上的"米糊"键，打制成米糊。

③把米糊盛入碗中加入适量白糖调匀，放入脐橙泥、猕猴桃泥即可。

营养贴士

此款米糊主要含有蛋白质、氨基酸、钙、磷、铁、钾、镁、锌、锰、铜、硒、多种维生素、胡萝卜素等成分，可以健脾胃、调理气血、协调五脏功能、补益气血、增加血管弹性、防癌抗癌，适合高血脂人食用。

脐橙猕猴桃米糊

牛奶米糊

食材

牛奶、粳米、白糖各适量

操作步骤

①粳米提前 30 分钟淘洗并浸泡。

②将粳米、牛奶放入豆浆机中，加入适量水，按下豆浆机上的"米糊"键，打制成米糊。

③把米糊盛入碗中加入适量牛奶调匀即可。

营养贴士

此款米糊主要含有蛋白质、脂肪、碳水化合物、钙、磷、铁、镁、钾、锌、硒、铜、锰、多种维生素等成分，可以滋养肝肺、补益脾胃、调理阴虚，对于更年期综合征、失眠易怒、气血不足、体质虚弱等具有很好的食补效果。

虾肉米糊

食材

大米 100 克，虾肉 50 克，料酒 5 克，食盐适量

操作步骤

①虾肉洗净，放入碗中，倒入料酒拌匀，腌5分钟，揩干水分，切成小丁；大米淘洗干净。

②把除食盐外所有食材全部放入豆浆机中，加入适量水，按下豆浆机上的"米糊"键，打制成米糊。

③把米糊盛入碗中加入适量食盐调匀即可。

营养贴士

虾肉含有大量的维生素 B_{12} 和维生素 D，可以促进骨细胞生长，提高骨密度，维持骨骼健康强壮。

食材

大麦、粳米、食盐各适量

操作步骤

①大麦、粳米分别淘洗干净，去除杂质，然后大麦浸泡 6 小时，粳米浸泡半小时。

②将大麦、粳米放入豆浆机中，加入适量水，按下豆浆机上的"米糊"键，打制成米糊。

③把米糊盛入碗中加入适量食盐调匀即可。

营养贴士

此款米糊主要含有蛋白质、碳水化合物、氨基酸、钙、磷、铁、B 族维生素、膳食纤维等成分，可以养心安神、健脾止泻，对于小便淋痛、便秘、惊悸、失眠等具有很好的辅助治疗功效，但是孕期妇女忌食。

大麦米糊

胡萝卜绿豆米糊

食材

大米 40 克，胡萝卜 20 克，绿豆 20 克，莲子 10 克，白糖适量

操作步骤

①绿豆洗净，用清水浸泡 4～6 小时；大米淘洗干净，浸泡 2 小时；胡萝卜洗净，切丁；莲子去心，用清水泡软，洗净。

②把除白糖外所有食材全部放入豆浆机中，加入适量水，按下豆浆机上的"米糊"键，打制成米糊。

③把米糊盛入碗中，加入适量白糖调匀即可。

营养贴士

此款米糊含有蛋白质、脂肪、碳水化合物、维生素 B_1、维生素 B_2、胡萝卜素、烟碱酸、叶酸、钙、磷、铁等营养成分，可以清热解暑、益肝明目、保护视力、提高人体免疫力，对于各种肿瘤疾病有一定的调理作用。

鸡肝米糊

食材

大米 100 克，鸡肝、食盐各适量

操作步骤

①鸡肝洗净，切成小片，余水待用；大米淘洗干净，控去水分。

②把大米、鸡肝放入豆浆机中，加入适量水，按下豆浆机上的"米糊"键，打制成米糊。

③把米糊盛入碗中放入食盐调味即可。

营养贴士

此款米糊含有脂肪、蛋白质、纤维素、维生素A、维生素C、维生素E、胡萝卜素、硫胺素、核黄素、烟酸、胆固醇、镁、钙、铁、锌、铜等多种营养成分，可以益肝明目，促进排毒，保证气血的顺畅运行，适用于肝虚目暗、视力下降、佝偻病、妇女产后贫血症的调理。

食材

薏米 50 克，鲜百合 30 克，红枣 20 克，白糖 10 克

操作步骤

①薏米淘洗干净，用清水浸泡 2 小时；鲜百合洗净，分开瓣；红枣洗净后去核。

②把薏米、红枣和鲜百合放入豆浆机中，加入适量水，按下豆浆机上的"米糊"键，打制成米糊。

③把米糊盛入碗中，加入适量白糖调匀即可。

营养贴士

此款米糊含有蛋白质、脂肪、碳水化合物、粗纤维、多种维生素、钙、磷、铁等成分，可以补肺清热、养心安神、利尿消肿、养颜护肤，对于脚气、水肿、肺热咳嗽、神经虚弱等都具有一定的调理功效。

百合薏米糊

小米花生糊

食材

　　小米 100 克，花生仁 35 克，姜 10 克，白糖适量

操作步骤

　　①小米淘洗干净，浸泡 2 小时；姜洗净切片。

　　②将小米、花生仁、姜片放入豆浆机中，加入适量水，按下豆浆机上的"米糊"键，打制成米糊。

　　③把米糊盛入碗中加入适量白糖调匀即可。

营养贴士

　　此款米糊含有蛋白质、脂肪、碳水化合物、粗纤维、钙、磷、铁、胡萝卜素、硫胺素、核黄素等多种营养成分，可以养阴补虚、健脾养胃、促进血液循环、提高记忆力，适合脾胃虚弱的人和失眠健忘的中老年人食用。

健康养生 豆浆、米糊、果蔬汁

★ ★ ★ ★ ★

对症养生米糊

★ ★ ★ ★ ★

芝麻栗子米糊

食材

黑芝麻、栗子、粳米、白糖各适量

操作步骤

①粳米淘洗干净，去除杂质，然后浸泡30分钟；栗子剥壳，清洗干净，碾碎待用；黑芝麻洗净待用。

②把栗子、粳米、黑芝麻放入豆浆机中，加入适量水，按下豆浆机上的"米糊"键，打制成米糊。

③把米糊盛入碗中，撒上一些芝麻和适量的白糖调匀即可。

营养贴士

此款米糊中含有许多铁和维生素E的成分，对人的脑部健康很有帮助，另外还有许多碳水化合物，能够提供充足的能量，对补充能量帮助甚大。

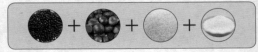

蘑菇山药米糊

食材

蘑菇、山药、粳米、白糖各适量

操作步骤

①先将粳米淘洗干净，去除杂质，然后浸泡30分钟；蘑菇洗净，切丁；山药削皮，洗净，切丁。

②把除白糖外所有食材全部放入豆浆机中，加入适量水，按下豆浆机上的"米糊"键，打制成米糊。

③把米糊盛入碗中加入适量白糖调匀即可。

营养贴士

此款米糊主要含有蛋白质、脂肪、氨基酸、钙、磷、铁、锌、硒、锰、镁、多种维生素、胡萝卜素等成分，可以益智安神、调理脾胃、滋养肾脏，辅助调理食欲不振、体虚疲乏、失眠健忘的效果较好。

食材

山药、糯米、白糖各适量

操作步骤

①先将糯米淘洗干净，去除杂质，然后浸泡6小时；山药削皮，洗净，切成丁。

②将山药、糯米放入豆浆机中，加入适量水，按下豆浆机上的"米糊"键，打制成米糊。

③把米糊盛入碗中,加入适量白糖调匀即可。

营养贴士

此款米糊主要含有蛋白质、黏液蛋白、脂肪、淀粉、氨基酸、钙、磷、铁、钾、胡萝卜素、B族维生素、维生素C等成分，可以提高自身免疫力，增强食欲，促进消化，缓解男子肾虚、女性脾虚带下以及常见的脾胃虚弱等症状。

山药糯米米糊

蜂蜜苹果米糊

食材

苹果、糯米、蜂蜜各适量

操作步骤

①先将糯米淘洗干净，去除杂质，然后浸泡6小时；苹果削皮，去核，洗净，切成丁。

②把糯米和苹果丁放入豆浆机中，加入适量水，按下豆浆机上的"米糊"键，打制成米糊。

③把米糊盛入碗中，加入适量蜂蜜调匀即可。

营养贴士

此款米糊主要含有蛋白质、脂肪、淀粉、糖类、钙、磷、铁、钾、B族维生素、维生素C等成分，可以提高自身免疫力，减少疾病侵袭，促进身体排毒，美容养颜，对于食欲不振、脾胃虚弱等症状具有很好的调理作用。

桂花雪梨米糊

食材

桂花、雪梨、干百合、粳米、白糖各适量

操作步骤

①先将粳米淘洗干净，去除杂质，然后浸泡30分钟；雪梨削皮，去核，切成丁；干百合用水泡软。

②把除白糖外所有食材全部放入豆浆机中，加入适量水，按下豆浆机上的"米糊"键，打制成米糊。

③把米糊盛入碗中，加入适量白糖调匀即可。

营养贴士

此款米糊主要含有蛋白质、氨基酸、脂肪、淀粉、钙、磷、铁、B族维生素、维生素C等成分，可以养心安神、美容养颜、防癌抗癌，对于常见的失眠多梦、便秘、高血压等症状具有一定的调理功效。

桑菊玉米米糊

食材

桑叶、杭白菊、鲜玉米粒、粳米、白糖各适量

操作步骤

①先将粳米淘洗干净，去除杂质，然后浸泡30分钟；鲜玉米粒洗净，沥去水分；桑叶、杭白菊放入壶中，加沸水泡15分钟。

②把除白糖外所有食材全部放入豆浆机中，加入适量水，按下豆浆机上的"米糊"键，打制成米糊。

③把米糊盛入碗中加入适量白糖调匀即可。

营养贴士

此款米糊主要含有蛋白质、氨基酸、亚油酸、不饱和脂肪酸、B族维生素、维生素C、维生素E、钙、铁、硒、镁、锗、谷胱甘肽、生物碱等成分，具有开胃利胆、清热解毒、通便利尿等功效，能促进血液循环、软化血管、清除自由基、提高免疫力、抑制癌细胞，对便秘、高血脂、高血压等病症有辅助调理作用，尤其适宜高血压、高血脂等心脑血管疾病患者食用。

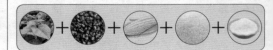

南瓜苹果米糊

食材

南瓜、苹果、粳米、白糖各适量

操作步骤

①先将粳米淘洗干净,去除杂质,然后浸泡30分钟;南瓜洗净,切丁;苹果削皮,去核,切丁。

②把除白糖外所有食材全部放入豆浆机中,加入适量水,按下豆浆机上的"米糊"键,打制成米糊。

③把米糊盛入碗中加入适量白糖调匀即可。

营养贴士

此款米糊主要含有蛋白质、氨基酸、钙、磷、铁、锌、硒、铬、多种维生素、胡萝卜素、膳食纤维等成分,可以帮助排毒、改善肝脏功能,辅助治疗妊娠水肿、高血脂、产后出血等症。

食材

虾皮、紫菜、粳米、食盐各适量

操作步骤

①先将粳米淘洗干净,去除杂质,然后浸泡30分钟;虾皮、紫菜用清水洗净。

②把除食盐外所有食材全部放入豆浆机中,加入适量水,按下豆浆机上的"米糊"键,打制成米糊。

③把米糊盛入碗中加入适量食盐调匀即可。

营养贴士

此款米糊主要含有蛋白质、氨基酸、脂肪、钙、磷、铁、碘、镁、多种维生素、胡萝卜素等成分,可以提高自身免疫能力,促进血液循环,抑制癌细胞发展,调理骨质疏松,适合贫血、体弱、缺钙的人食用。

虾皮紫菜米糊

扁豆小米糊

食材

小米 100 克，白扁豆 15 克，白糖适量

操作步骤

①小米用清水漂净糠皮，控去水分；白扁豆洗净；将小米和白扁豆浸泡 8 小时。

②把小米和白扁豆放入豆浆机中，加入适量水，按下豆浆机上的"米糊"键，打制成米糊。

③把米糊盛入碗中，加入适量白糖调匀即可。

营养贴士

此款米糊含有蛋白质、脂肪、糖类、钙、磷、铁、多种维生素和膳食纤维，对缓解脾胃虚弱、食欲不振有很好的效果，适合脾胃功能差的人食用。

红枣木耳紫米米糊

食材

紫米 100 克，水发木耳 25 克，红枣 15 克，红糖适量

操作步骤

①紫米淘洗干净；水发木耳择洗干净，撕成小片；红枣洗净，去核切粒。

②把除红糖外所有食材全部放入豆浆机中，加入适量水，按下豆浆机上的"米糊"键，打制成米糊。

③把米糊盛入碗中加入适量红糖调匀即可。

营养贴士

此款米糊含有糖类、蛋白质、铁、钙、磷、核黄素、烟酸等多种营养成分，可以补血暖身、滋补养胃，适合体质虚弱的人用来补充营养、调养身体。

食材

大米 100 克，莲子 50 克，芡实 10 克，冰糖适量

操作步骤

①大米和芡实分别淘洗干净，控去水分；莲子洗净待用。

②把除冰糖外所有食材全部放入豆浆机中，加入适量水，按下豆浆机上的"米糊"键，打制成米糊。

③把米糊盛入碗中加入适量冰糖调匀即可。

营养贴士

此款米糊含有蛋白质、纤维素、维生素 C、维生素 E、核黄素、烟酸等多种营养成分，可以养心神、健脾胃、补肾虚、降血压、延缓衰老，适合脾胃虚弱、心神难安的人食用。

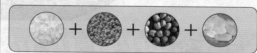

莲子芡实米糊

雪梨银耳川贝米糊

食材

大米 100 克，雪梨 1 个，水发银耳 1 朵，川贝 5 颗，白糖适量

操作步骤

①雪梨洗净，去皮及蒂，切成小丁；水发银耳去硬蒂，撕成小片；川贝用温水洗净；大米淘洗干净。

②把除白糖外所有食材全部放入豆浆机中，加入适量水，按下豆浆机上的"米糊"键，打制成米糊。

③把米糊盛入碗中，加入适量白糖调匀即可。

营养贴士

此款米糊含有果浆、葡萄糖、苹果酸、蛋白质、脂肪、钙、磷、铁、胡萝卜素、维生素 B_1、维生素 B_2、维生素 B_3、抗坏血酸等多种营养成分，可以滋阴润肺，去肺燥肺热，清咽化痰，对于肺热型咳嗽效果良好。

百合薏米米糊

食材

薏米 50 克，鲜百合 30 克，黄芪 20 克，白糖 10 克

操作步骤

①薏米淘洗干净，用清水浸泡 2 小时；鲜百合洗净，分开瓣；黄芪洗净后泡水。

②把薏米、黄芪和鲜百合放入豆浆机中，加入适量水，按下豆浆机上的"米糊"键，打制成米糊。

③把米糊盛入碗中，加入适量白糖调匀即可。

营养贴士

此款米糊含有蛋白质、脂肪、碳水化合物、粗纤维、多种维生素、钙、磷、铁等成分，可以补肺清热、养心安神、利尿消肿、养颜护肤，对于脚气、水肿、肺热咳嗽、神经虚弱等都具有一定的调理功效。

105

柑橘番茄米糊

食材

柑橘、番茄、粳米、白糖各适量

操作步骤

①先将粳米淘洗干净，去除杂质，然后浸泡30分钟；柑橘去皮，和番茄一起压榨成果泥。

②把粳米放入豆浆机中，加入适量水，按下豆浆机上的"米糊"键，打制成米糊。

③把米糊盛入碗中，加入适量白糖调匀，放入柑橘、番茄果泥即可。

营养贴士

此款米糊主要含有蛋白质、氨基酸、钙、磷、铁、钾、镁、B族维生素、维生素C、膳食纤维、胡萝卜素、番茄红素等成分，可以促进身体新陈代谢、调和五脏、温补养胃、维持心脏和血管健康，适合体质虚弱、消化不良、患有心脑血管疾病的人食用。

黄芪鸡汤米糊

食材

净母鸡半只，大米 100 克，黄芪 15 克，食盐适量

操作步骤

①将母鸡汆水后放在锅中煮开，撇净浮沫后加入适量黄芪，用小火炖约 1 小时至鸡肉熟烂，取鸡汤 600 克待用。

②把淘洗干净的大米放在豆浆机的机桶内，分别加入 600 克清水和鸡汤，接通电源；按"米糊"键打成糊。

③待米糊打好后，将米糊倒入碗中，加入食盐调味，即可食用。

营养贴士

此款米糊主要含有蛋白质、脂肪、碳水化合物、膳食纤维、维生素 A、维生素 C、维生素 E、胡萝卜素、核黄素、胆固醇、烟酸、镁、锰、铁、锌等营养成分，可以健脾胃、温和补中、益气养血，适合体质虚弱、气血双亏、产后缺乳的妇女食用。

食材

燕麦片 50 克，鲜玉米粒 100 克，白糖适量

操作步骤

①鲜玉米粒洗净；燕麦片淘洗干净。

②把燕麦片、鲜玉米粒放入豆浆机中，加入适量水，按下豆浆机上的"米糊"键，打制成米糊。

③把米糊盛入碗中加入适量白糖调匀即可。

营养贴士

此款米糊含有糖类、蛋白质、胡萝卜素、黄体素、玉米黄质、磷、镁、钾、锌等营养成分，可以清热解毒、健脾养胃、促进肠胃蠕动、润肠通便，对于高血糖、高血压的辅助治疗效果良好，适合这类病人食用。

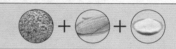

玉米麦片米糊

枸杞小米糊

食材

小米 70 克，枸杞 20 克，白糖适量

操作步骤

①小米淘洗干净，用清水浸泡 2 小时；枸杞洗净，用温水浸泡半小时待用。

②将浸泡过的小米、枸杞放入豆浆机中，加入适量水，按下豆浆机上的"米糊"键，打制成米糊。

③把米糊盛入碗中加入适量白糖调匀即可。

营养贴士

小米中含有的蛋白质比大米高，每 100 克小米中含脂肪 1.7 克，碳水化合物 76.1 克，营养物质含量和稻、麦持平。每 100 克小米中含 0.12 毫克的胡萝卜素，维生素 B1 的含量位居所有粮食之首，经常食用小米，有具有防止消化不良及口角生疮的功效。

健康养生 豆浆、米糊、果蔬汁

★ ★ ★ ★ ★

中老年米糊

★ ★ ★ ★ ★

红枣枸杞小米米糊

食材

红枣、枸杞、小米、白糖各适量

操作步骤

①红枣用清水洗净，切开后除去枣核；枸杞、小米用清水淘洗干净。

②把小米、红枣、枸杞放入豆浆机中，加入适量水，按下豆浆机上的"米糊"键，打制成米糊。

③把米糊盛入碗中，加入适量白糖调匀即可。

营养贴士

此款米糊主要含有蛋白质、氨基酸、淀粉、脂肪、糖类、钙、磷、铁、有机酸、胡萝卜素等成分，可以提高人体免疫力，软化血管、缓解腰膝酸软、失眠健忘等症状，适合气血不足、脾肾虚弱、消化不良的人饮用。

红薯杂米米糊

食材

红薯、红粳米、小米、大米各适量

操作步骤

①先将红粳米、大米分别淘洗干净，去除杂质，然后均浸泡30分钟；小米用清水淘洗干净；红薯削皮，洗净，切成丁。

②把所有食材全部放入豆浆机中，加入适量水，按下豆浆机上的"米糊"键，打制成米糊。

③把米糊盛入碗中即可。

营养贴士

此款米糊主要含有蛋白质、脂肪、淀粉、氨基酸、叶酸、多种维生素、钾、铁、钙等成分，可以清除体内自由基，保护心脑血管，对于失眠、便秘、神经衰弱具有很好的调理效果，但是不适合患有胃病的人食用。

食材

白萝卜、陈皮、粳米、白糖各适量

操作步骤

①先将粳米淘洗干净，去除杂质，然后浸泡30分钟；陈皮洗净，用温水泡软；白萝卜洗净，切成丁。

②把除白糖外所有食材全部放入豆浆机中，加入适量水，按下豆浆机上的"米糊"键，打制成米糊。

③把米糊盛入碗中加入适量白糖调匀即可。

营养贴士

此款米糊主要含有蛋白质、脂肪、淀粉、磷、铁、多种维生素、胡萝卜素等成分，可以促进血液循环、消食通便、润肺化痰，适合气胀积食、咳嗽痰多、肠胃不适的人食用。

白萝卜陈皮米糊

杏仁橘红米糊

食材

大米 100 克，橘红片 12 克，杏仁 10 克，生姜 20 克，红糖适量

操作步骤

①将橘红片、杏仁和生姜一起入锅，加入 300 克水煎煮 5 分钟，过滤去渣，取汁 250 克待用；大米淘洗干净。

②把除红糖外所有食材全部放入豆浆机中，加入适量水，按下豆浆机上的"米糊"键，打制成米糊。

③把米糊盛入碗中加入适量红糖调匀即可。

营养贴士

此款米糊含有碳水化合物、脂肪、蛋白质、纤维素、维生素 A、维生素 C、维生素 E、胡萝卜素、硫胺素、核黄素、烟酸、铜、锰、钾等多种营养成分，可以降气平喘、润肠通便、化痰止咳，对于风寒型咳嗽调理效果较好。

红薯大米米糊

食材

红薯 100 克，大米 60 克，冰糖 15 克

操作步骤

①大米淘洗干净，用清水浸泡 2 小时；红薯洗净，去皮，切丁。

②将大米、红薯放入豆浆机中，加入适量水，按下豆浆机上的"米糊"键，打制成米糊。

③把米糊盛入碗中加入适量冰糖调匀即可。

营养贴士

此款米糊含有蛋白质、糖类、脂肪、磷、钙、铁、胡萝卜素、维生素 B_1、维生素 B_2、维生素 C、烟酸、亚油酸等营养成分，具有增强人体免疫功能、补中益气、延缓衰老、降低血压等功效，适合脾胃虚弱的人食用。

食材

菠菜、核桃仁、花生仁、粳米、食盐各适量

操作步骤

①先将粳米淘洗干净，去除杂质，然后浸泡30分钟；菠菜择洗干净，切成段；核桃仁、花生仁用清水洗净。

②把除食盐外所有食材全部放入豆浆机中，加入适量水，按下豆浆机上的"米糊"键，打制成米糊。

③把米糊盛入碗中加入适量食盐调匀即可。

营养贴士

这款米糊主要含有蛋白质、脂肪、氨基酸、卵磷脂、钙、磷、铁、钾、镁、多种维生素等成分，可以养气安神、补肾壮阳、除烦止渴，对于神经衰弱、失眠烦躁、体弱易疲劳等症状具有一定的食疗功效。

菠菜杂果米糊

荷叶红果米糊

食材

干荷叶、干山楂片、粳米、白糖各适量

操作步骤

①先将粳米淘洗干净，去除杂质，然后浸泡30分钟；干荷叶洗净，用清水泡软；干山楂片洗净，用温水浸泡至软。

②把除白糖外所有食材全部放入豆浆机中，加入适量水，按下豆浆机上的"米糊"键，打制成米糊。

③把米糊盛入碗中加入适量白糖调匀即可。

营养贴士

此款米糊主要含有蛋白质、氨基酸、脂肪、钙、磷、铁、钾、镁、锰、锌、铜、硒、维生素A、B族维生素、维生素C、胡萝卜素、荷叶碱等成分，可以促进血液循环，降低体内胆固醇和甘油三酯的含量，健脾胃，调和五脏，减肥瘦身，适合高血脂、脂肪肝患者食用。

黑木耳薏米糊

食材

薏米 85 克，水发黑木耳、红豆各 25 克，大枣 3 个，蜂蜜适量

操作步骤

①将薏米、红豆分别洗净，浸泡 8 小时；水发黑木耳择洗干净，撕成小片；大枣泡涨，洗净去核。

②把除蜂蜜外所有食材全部放入豆浆机中，加入适量水，按下豆浆机上的"米糊"键，打制成米糊。

③把米糊盛入碗中加入适量蜂蜜调匀即可。

营养贴士

此款米糊含有碳水化合物、蛋白质、铁、钙、磷、胡萝卜素、维生素、淀粉、蛋白质、氨基酸等多种营养物质，可以解热镇痛、祛风利湿、利肺消肿、改善血液循环、防癌抗瘤，对于小便不利、水肿，具有很好的辅助治疗效果。

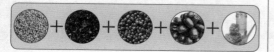

食材

马铃薯、红粳米、食盐各适量

操作步骤

①先将粳米淘洗干净，去除杂质，然后浸泡 30 分钟；马铃薯削皮，洗净，切成丁。

②把除食盐外的所有食材全部放入豆浆机中，加入适量水，按下豆浆机上的"米糊"键，打制成米糊。

③把米糊盛入碗中加入适量食盐调匀即可。

营养贴士

此款米糊主要含有蛋白质、淀粉、脂肪、碳水化合物、氨基酸、钙、磷、铁、维生素等成分，可以提高肠胃的消化功能，通肠润便，调理脾胃虚弱，防治痔疮、便秘等疾病，适合脾胃功能不佳的人饮用。

马铃薯米糊

赤豆米糊

食材

粳米 100 克，赤豆 30 克，白糖适量

操作步骤

①先将粳米淘洗干净，去除杂质，然后浸泡30 分钟；赤豆洗净，用清水浸泡 8～12 小时。

②把粳米和赤豆放入豆浆机中，加入适量水，按下豆浆机上的"米糊"键，打制成米糊。

③把米糊盛入碗中，加入适量白糖调匀即可。

营养贴士

赤豆主要含蛋白质、糖类等营养成分，赤豆中含有三种结晶性皂苷，能够明显抑制金黄色葡萄球菌、福氏痢疾杆菌、伤寒杆菌的生长，对于疾病的预防很有帮助。

鸭血米糊

小米 100 克，鸭血 50 克，食盐适量

操作步骤

①小米漂洗净糠皮；鸭血切成小块，用温水泡 10 分钟，控水待用。

②把除食盐外所有食材全部放入豆浆机中，加入适量水，按下豆浆机上的"米糊"键，打制成米糊。

③把米糊盛入碗中，调入食盐即可。

营养贴士

此款米糊含有蛋白质、铁、铜、钙、膳食纤维、维生素 E、维生素 A、胡萝卜素、胆固醇、锌、铜、磷等营养成分，可以补血，养肝，解毒，利肠通便，缓解气血不足、头晕心悸等症状，是很好的养肝食物。

食材

南瓜 30 克，黄豆 50 克，大米 40 克，白糖 15 克

操作步骤

①黄豆洗净，用清水浸泡 8～12 小时；大米淘洗干净，浸泡 2 小时；南瓜洗净，去皮、去瓤、去籽，切小块。

②把除白糖外所有食材全部放入豆浆机中，加入适量水，按下豆浆机上的"米糊"键，打制成米糊。

③把米糊盛入碗中，加入适量白糖调匀即可。

营养贴士

此款米糊中含有丰富的氨基酸、维生素 B1、B2、胡萝卜素、球蛋白，对于提升免疫力、健脾养胃、促进消化都有非常好的作用。

黄豆南瓜大米米糊

骨汤核桃米糊

食材

猪骨汤、核桃仁、花生仁、粳米、食盐各适量

操作步骤

①先将粳米淘洗干净，去除杂质，然后浸泡30分钟；核桃仁、花生仁用清水洗净。

②把除食盐外所有食材全部放入豆浆机中，加入适量水，按下豆浆机上的"米糊"键，打制成米糊。

③把米糊盛入碗中，加入适量食盐即可。

营养贴士

此款米糊主要含有蛋白质、氨基酸、脂肪、钙、磷、铁、多种维生素、胡萝卜素、磷脂等成分，可以促进血液循环、补益五脏，调理体虚乏力、气血不足、失眠健忘等症状，适合气血不足的人、老年人、幼儿食用。

营养健康果蔬汁

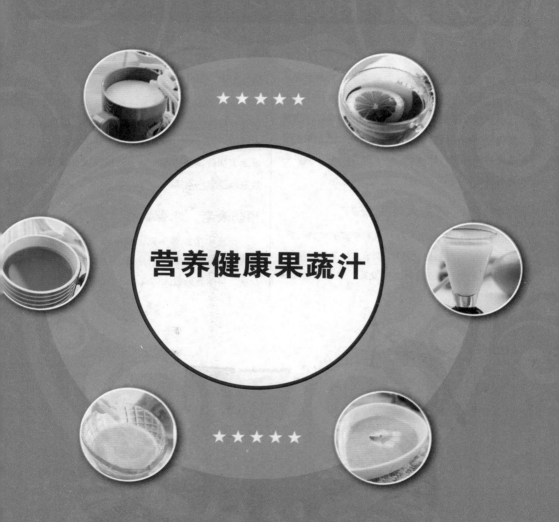

常喝果蔬汁身体好 <<<

水果和蔬菜除了可以生吃补充各种营养之外，还可以把它们打成果蔬汁。过去制作果蔬汁比较麻烦，而且质量无法保证，但是现在我们可以用各种工具很方便地制成自己喜欢的果蔬汁，把水果和蔬菜的多种营养更好地吸收进去。常喝一些果蔬汁，究竟有哪些好处呢？

防病祛病，提高人体免疫力

新鲜的蔬菜与水果一般都含有丰富的磷、钾、钙、维生素等物质，饮用果汁，可以调节人体的酸碱平衡，增强细胞活力，促进肠胃功能发挥，使我们远离疾病的困扰。

促消化，助代谢

果蔬汁中纤维的含量一般都很高，这类物质不仅可以促进人体消化和吸收，而且可以促进人体毒素排出，不仅可以调节肠胃，帮助消化，而且可以提高人体代谢的速率，对于女性来说，减肥瘦身的效果也是非常不错的。

预防衰老，永葆青春

果蔬中的胡萝卜素、维生素 E、维生素 C 等物质都是很好的抗氧化剂，通过与体内的自由基进行对抗，可起到延缓人体衰老、滋养身体的作用。

如何制作果蔬汁 <<<

　　果蔬汁营养丰富，而且具有美容养颜、消食开胃的功效，还可以很好地补充多种人体需要的营养，那么要如何制作果蔬汁呢？

　　制作果蔬汁之前，我们首先要根据自己的饮用需求，选择合适的果蔬汁类型，即我们要制作哪种果蔬汁。

　　第一步就是准备制作果蔬汁所需要的食材，在材料的选择上，一定要尽量选用优质、新鲜的果蔬，保证果蔬汁的健康营养。

　　第二步就是选用合适的制作果蔬汁的工具，一般来说我们可以使用压汁机、自动柳橙机、榨汁机

等多种工具，但是我们全书建议使用全自动豆浆机，一般来说，全自动豆浆机都会同时具有制作豆浆、米糊、果蔬汁的功效，节省了购买其他小件电器的麻烦，而且物尽其用。

　　第三步是食材的处理，一般食材都需要进行清洗，有的需要去皮、去核、切块等处理，处理之后的果蔬沥水后待用。

　　第四步就是按照要求把食材放入豆浆机中，然后选择果蔬汁按键，等待果蔬汁打制完成。

　　最后，我们可以根据需要在打好的果蔬汁中加入适量的调味品后饮用。

果蔬汁常用食材表 <<<

名称		营养成分	功效
苹果		糖类、维生素、锌、磷、铁	降低胆固醇、通便、止泻、降血压、增强记忆力、提高智能
香蕉		糖类、蛋白质、果胶、钾、钙、磷、铁	减轻心理压力、解除忧郁、预防中风和高血压、降血压、保护血管
葡萄		蛋白质、脂肪、碳水化合物、粗纤维、钙、磷、铁、胡萝卜素、维生素 B_1、维生素 B_2	预防心脑血管、抗衰老、清除自由基、滋肝肾、生津液、强筋骨、补益气血、通利小便
雪梨		葡萄糖、苹果酸、蛋白质、脂肪、钙、磷、铁、胡萝卜素、维生素 B_1、维生素 B_2、维生素 B_3、抗坏血酸	阻断咳嗽反射、滋阴润肺、利尿、消水肿、增强皮肤张力
番茄		胡萝卜素、维生素 B_1、维生素 B_2、维生素 B_3、维生素 C、维生素 K、维生素 P、维生素 C、苹果酸、柠檬酸、蛋白质、脂肪、粗纤维、钙、磷、铁	增加胃酸浓度、调整胃肠功能、降血脂、降血压、利尿排钠、抗氧化
哈密瓜		蛋白质、膳食纤维、胡萝卜素、果胶、糖类、维生素 A、维生素 B、维生素 C、磷、钠、钾	清凉消暑、除烦热、生津止渴、抗饿、通便、止咳清热
火龙果		粗脂肪、粗蛋白、粗纤维、碳水化合物、果糖、葡萄糖、钙、磷、铁	抗氧化、抗自由基、抗衰老、降低胆固醇、润肠、预防痴呆症
柠檬		糖类、柠檬酸、苹果酸、橙皮苷、柚皮苷、维生素 B_1、维生素 B_2、维生素 C、钙、磷、铁	止渴生津、祛暑安胎、疏滞、健胃、止痛、利尿、美白、祛斑
木瓜		番木瓜碱、木瓜蛋白酶、木瓜凝乳酶、番茄红素、B 族维生素、维生素 C、维生素 E、糖分、蛋白质、脂肪、胡萝卜素、隐黄素、蝴蝶梅黄素、隐黄素、环氧化物	健脾消食、杀虫抗痨、通乳、缓解痉挛、防治高血压
胡萝卜		蛋白质、脂肪、碳水化合物、胡萝卜素、抗坏血酸、钾、钠、钙、镁、铁	增强人体免疫力、抗癌、防治血管硬化、降低胆固醇、润肤、抗衰老
枸杞		钾、钠、钙、镁、铁、铜、锰、锌、氨基酸、甜菜碱	滋补、抗衰、免疫调节、降血压、防治脂肪肝
山楂		柠檬酸、皂苷、果糖、维生素 C、B 族维生素、钙、铁、硒	扩张血管、强心、兴奋中枢神经系统、降低血压和胆固醇、软化血管、利尿、镇静
玉米		糖类、蛋白质、胡萝卜素、黄体素、玉米黄质、磷、镁、钾、锌	健脾益胃、利水渗湿、抗衰老、防治便秘、防治动脉硬化、防癌、利胆、利尿、降血糖
山药		蛋白质、B 族维生素、维生素 C、维生素 E、葡萄糖、粗蛋白、氨基酸	健脾、除湿、补气、益肺、固肾、益精
红薯		蛋白质、糖类、脂肪、磷、钙、铁、胡萝卜素	和血补中、宽肠通便、增强免疫功能
南瓜		糖类、氨基酸、胡萝卜素、磷、镁、铁、铜、锰、铬、硼	润肺益气、化痰排脓、驱虫解毒、治咳止喘
芒果		粗纤维、蛋白质、糖类、脂肪、蛋白质、矿物质、维生素 C、维生素 A	清肠胃、防治便秘、防治高血压、美化肌肤、抗癌

续表

名称		营养成分	功效
梨		蛋白质、脂肪、糖类、粗纤维、钙、磷、铁	促进食欲、帮助消化、润燥消风、醒酒解毒
草莓		糖类、蔗糖、柠檬酸、苹果酸、水杨酸、氨基酸、钙、磷、铁	明目养肝、润肠道、助消化、防治动脉硬化
小白菜		叶酸、维生素A、维生素C、胡萝卜素、钾、钙、磷、粗纤维	清热除烦、行气祛瘀、消肿散结、通利胃肠
大白菜		胡萝卜素、维生素C、钙、磷、钠、镁、铁、锌	清热解毒、祛除烦躁、生津解渴、利尿通便
生菜		维生素C、钙、铁、铜、纤维素	清热利尿、镇痛催眠、适宜肥胖人士
莲藕		淀粉、蛋白质、天门冬素、维生素C、氧化酶	清热生津、凉血止血、补益脾胃、益血生肌
菠菜		膳食纤维、维生素B$_1$、维生素B$_2$、钾、钠、钙、镁	清热除烦、滋阴平肝、补血止血、润燥滑肠
油菜		B族维生素、维生素C、钙、铁、钾、胡萝卜素	活血化瘀、解毒消肿、宽肠通便、强身健体
茼蒿		B族维生素、维生素C、钾、钠、镁、钙、丝氨酸、苏氨酸、丙氨酸、天门冬素	润肺化痰、清血养心、利尿消肿、通便排毒
西蓝花		维生素A、B族维生素、维生素C、铁、磷、胡萝卜素	补肾填精、健脑壮骨、补脾和胃
苦瓜		粗蛋白、粗纤维、钙、磷、铁、胡萝卜素、维生素C	清热解暑、明目解毒
生姜		姜醇、姜烯、天门冬素、谷氨酸、丝氨酸、甘氨酸	开胃止呕、发汗解表
雪里蕻		蛋白质、脂肪、钙、磷、铁、B族维生素、维生素C	解毒消肿、开胃消食、温中利气、明目利膈
蘑菇		蛋白质、脂肪、粗纤维、钾、钙、磷、铁、多糖、多种维生素、氨基酸	补脾益气、润燥化痰
洋葱		蛋白质、膳食纤维、维生素C、维生素E、钾、钙、镁、锌、硒、腺苷	健胃宽中、理气消食
紫薯		淀粉、膳食纤维、胡萝卜素、多种维生素、钾、铁、铜、硒、钙	补虚乏、益气、健脾胃、强肾阴
莴笋		钾、钙、镁、锌、磷、铜、膳食纤维、胡萝卜素	清热利尿、活血通乳
冬瓜		蛋白质、碳水化合物、钙、磷、铁、维生素C、钾、丙醇二酸	清热解毒、润肺化痰、除烦止渴、利水消肿
黄瓜		膳食纤维、B族维生素、维生素E、钙、镁、铁、锰、丙醇二酸、葫芦素	清热利水、解毒消肿、生津止渴
甜椒		维生素C、B族维生素、胡萝卜素	清除自由基、提高免疫力、消炎止痛、抑癌抗瘤
丝瓜		维生素C、维生素B$_1$、钙、磷、铁、植物黏液、丝瓜苦味质	清热解暑、生津止渴

芹菜		蛋白质、脂肪、碳水化合物、纤维素、维生素、矿物质	甘凉清胃、涤热祛风、利口齿、明目、养精益气、补血健脾、止咳利肠、降压镇静
西葫芦		维生素C、葡萄糖、钙、胡萝卜素、蛋白质、脂肪	清热利尿、除烦止渴、润肺止咳、消肿散结
茴香		蛋白质、脂肪、膳食纤维、糖类、烟酸、钾、钙、铁、锌、磷、硒	开胃进食、理气散寒
香菜		维生素C、胡萝卜素、B族维生素、钙、铁、磷、镁	健胃消食、发汗透疹、利尿通便、驱风解毒
西瓜		维生素A、维生素C、胡萝卜素、钾、钙、铁、铜、镁	清热解暑、生津止渴、通利小便
菠萝		果糖、葡萄糖、B族维生素、维生素C、磷、柠檬酸、蛋白酶	健胃消食、补脾止泻、清胃解渴
香瓜		碳水化合物、有机酸、氨基酸、甜菜茄、维生素C、B族维生素	清热解暑、除烦、止渴、利尿
荔枝		蛋白质、脂肪、膳食纤维、维生素C、核黄素、硫胺素、烟酸、钾、镁、铜、锰	消肿解毒、益血生津、理气止痛
桂圆		糖类、蛋白质、脂肪、B族维生素、维生素C、磷、钙、铁、胆碱	补脾益胃、养血安神、健脑益智
油桃		糖类、有机酸、蛋白质、脂肪、维生素C、B族维生素、胡萝卜素	养阴生津、补益气血、润肠消积、丰肌美肤
橘子		蛋白质、膳食纤维、果胶、胡萝卜素、视黄醇、维生素C、钾、钙、镁、铁、	开胃理气、润肺化痰、生津止渴
荸荠		蛋白质、膳食纤维、维生素C、碳水化合物、钾、镁、钙、铁、锌、硒、锰、荸荠英	清热凉血、利尿解毒、消食化积
芒果		糖类、蛋白质、膳食纤维、维生素A、胡萝卜素、维生素C	益胃止呕、解渴利尿
杨桃		糖类、苹果酸、柠檬酸、维生素B_1、维生素C	清热利咽、和中消食、通利小便
杏		维生素B_{17}、钾、钙、磷、铁	清热解毒、生津止渴
百合		蛋白质、脂肪、碳水化合物、粗纤维、多种维生素、钙、磷、铁	润肺止咳、清心安神、清火养阴
银耳		碳水化合物、蛋白质、氨基酸、维生素D、钙、磷、铁、钾、钠、镁、硫	补脾开胃、益气清肠、安眠健胃、补脑、清热润燥
核桃		蛋白质、脂肪、碳水化合物、钙、磷、铁	润燥化痰、温肺润肠、散肿消毒
花生		维生素、钙、铁、硫胺素、核黄素	延缓衰老、滋血通乳、增强记忆
栗子		糖类、蛋白质、脂肪、多种维生素、无机盐	抗衰老、补肾强筋、活血止血、延年益寿
菊花		能量、蛋白质、脂肪、膳食纤维、碳水化合物、胡萝卜素、核黄素、烟酸、维生素C	清热除火、生津止渴、解毒、安神除烦、明目、消炎止痛

花生乳

食材

花生、白糖各适量

操作步骤

①花生剥去外壳，去内膜。

②把花生放入豆浆机中，接通电源，加入适量的水，按下"果蔬汁"按键。

③将榨好的花生汁滤掉渣滓，加入适量白糖即可。

营养贴士

花生含有蛋白质、脂肪、糖类、维生素、矿物质等多种营养成分，食用花生有抗老化、凝血止血、促进发育、增强记忆等功效。

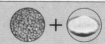

橘香甜汁

食材

橘子 500 克

操作步骤

①橘子剥去外皮，掰成橘子瓣，再撕开橘子瓣膜，除去籽粒。

②把橘子果肉放入豆浆机中，接通电源，加入适量的水，按下"果蔬汁"按键。

③将榨好的橘子汁倒入杯中即可。

营养贴士

此款果蔬汁主要含有蛋白质、膳食纤维、果胶、钙、磷、铁、胡萝卜素、B 族维生素、维生素 C、维生素 P 等成分，可以提高血管的韧性、促进血管扩张、降低体内甘油三酯和胆固醇的含量、止咳化痰，辅助治疗肺热导致的咳嗽、气管炎、高血压等症。

酪梨*奶昔*

食材

酪梨 300 克，牛奶、炼奶、香草冰淇淋各适量

操作步骤

①酪梨洗净后去皮、去核，切成块。

②把酪梨块和牛奶一起放入豆浆机中，接通电源，加入适量的水，按下"果蔬汁"按键。

③将榨好的酪梨汁倒入杯中，然后加入炼奶和香草冰淇淋拌均匀即可。

营养贴士

酪梨是一种营养价值很高的水果，含多种维生素、丰富的脂肪酸和蛋白质，还富含钾、叶酸以及丰富的维生素 B_6，也含有多种矿质元素，营养价值与奶油相当。

西瓜番茄汁

食材

西瓜 250 克，番茄 70 克

操作步骤

①番茄去蒂，洗净，切成小块；西瓜去皮、去籽后切成块。

②把番茄块和西瓜块放入豆浆机中，接通电源，加入适量的水，按下"果蔬汁"按键。

③将榨好的西瓜番茄汁倒入杯中即可。

营养贴士

此款果蔬汁含有维生素 B_1、维生素 B_2、维生素 C、维生素 K、维生素 P、胡萝卜素、苹果酸、柠檬酸、糖类、粗纤维、钙、磷、铁等营养成分，可以延缓衰老，调理肠胃功能，养胃凉血，润肠通便，对于辅助治疗高血压、高血脂、白内障、脑血栓的效果良好。

可可奶

食材

可可豆、牛奶适量

操作步骤

①可可豆磨成可可粉。

②把可可粉放入豆浆机中，接通电源，加入适量的水，按下"果蔬汁"按键。

③将适量牛奶掺入可可奶中即可。

营养贴士

可可中含有可可碱、咖啡因，这两种物质可以消除睡意、增强触觉与思考力、调整心脏机能，另外还有扩张肾脏血管、利尿的功效。

食材

梨、葡萄、牛奶各适量

操作步骤

①葡萄洗净后去皮、去籽；梨洗净后去皮、去籽，切块。

②把葡萄果肉和梨块放入豆浆机中，接通电源，加入适量的水，按下"果蔬汁"按键。

③将牛奶倒入榨好的果汁中拌匀即可。

营养贴士

此款果蔬汁含有蛋白质、脂肪、碳水化合物、粗纤维、钙、磷、铁、胡萝卜素、维生素 B_1、维生素 B_2、维生素 C、维生素 P 等营养成分，可以强壮筋骨、清除人体自由基、补益气血、滋补肝肾，用于水肿、小便不利、气血不合等症状调理效果较好。

葡萄梨奶汁

菠萝柠檬茶

食材

菠萝 100 克，柠檬 60 克，红茶 5 克

操作步骤

①菠萝去皮切块；柠檬洗净切片；红茶放入茶壶中加沸水泡好。

②把菠萝和红茶一起放入豆浆机中，接通电源，加入适量的水，按下"果蔬汁"按键。

③将榨好的菠萝红茶倒入杯中，放入柠檬片即可。

营养贴士

菠萝，味甘、微酸、微涩，性微寒，具有清暑解渴、消食止泻、补脾胃、固元气、益气血、消食、祛湿、养颜瘦身的功效。

蜜汁瓜饮

食材

哈密瓜 300 克

操作步骤

①哈密瓜去皮、去籽后切成小块。

②把哈密瓜块放入豆浆机中，接通电源，加入适量的水，按下"果蔬汁"按键。

③将榨好的哈密瓜汁倒入杯中即可。

营养贴士

此款果蔬汁含有蛋白质、膳食纤维、胡萝卜素、果胶、糖类、维生素 A、维生素 B、维生素 C、磷、钠、钾等营养成分，可以清热去燥、防暑、生津止渴，用于调理肾病和胃病的效果很好，但是糖尿病人不宜饮用。

奇异果凤梨苹果汁

食材

奇异果、凤梨、苹果各适量

操作步骤

①苹果洗净、去皮，切成两半后去核，切成小块；奇异果洗净去皮，切小块待用；凤梨洗净后去皮切小块待用。

②把切好的苹果块放入豆浆机中，接通电源，加入适量的水，按下"果蔬汁"按键。

③把榨好的苹果汁倒入杯中，加奇异果块和凤梨块即可。

营养贴士

此款果蔬汁主要含有蛋白质、脂肪、粗纤维、果胶、钾、钙、磷、锌、铁、维生素等成分，具有健脾和胃、润肺除燥、养心益气、降逆止泻等功效，有助于净化血液、扩张血管、降血压、降血脂、稳定血糖、改善肺部及呼吸系统功能、预防心血管疾病，还能帮助人体补钙、强健骨骼，并有改善睡眠和抗癌的作用。老少皆宜，尤其适宜婴幼儿及慢性胃炎、腹泻、消化不良等人士饮用。

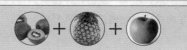

奇异果汁

食材

奇异果、冰块各适量

操作步骤

①奇异果洗净、去外皮，切成小块。

②把切好的奇异果块放入豆浆机中，接通电源，加入适量的水，按下"果蔬汁"按键。

③把榨好的奇异果汁倒入杯中，加冰块即可。

营养贴士

此款果蔬汁主要含有氨基酸、蛋白酶、维生素 C、维生素 B_1、钾、钙、镁、锰、锌、膳食纤维等成分，可以提高人体免疫力、抑制癌细胞、净化血液、清热降逆、排毒通便、提高大脑的记忆力，适合心脑血管疾病患者和孕产妇饮用。

133

奇异果雪梨汁

食材

　　奇异果 150 克，雪梨 200 克

操作步骤

　　①雪梨削皮，去果核，切成小块；奇异果去皮去籽切成小块。

　　②把雪梨块和奇异果块放入豆浆机中，接通电源，加入适量的水，按下"果蔬汁"按键。

　　③将榨好的奇异果雪梨汁倒入杯中即可。

营养贴士

　　此款果蔬汁含有果浆、葡萄糖和苹果酸等有机酸，另外含有蛋白质、脂肪、钙、磷、铁、胡萝卜素、维生素 B_1、维生素 B_2、烟酸、抗坏血酸等多种营养成分，可以滋阴润燥，防治局部瘙痒，调节血液循环，排除体内毒素，适合睡眠不足、代谢缓慢、皮肤粗糙的人饮用。

龙眼红糖汁

食材

龙眼、红糖各适量

操作步骤

①龙眼洗净后去皮去核，切成小块。

②把龙眼块、红糖放入豆浆机中，接通电源，加入适量的水，按下"果蔬汁"按键。

③将榨好的龙眼红糖汁倒入杯中即可。

营养贴士

龙眼可以补心脾、益气血、健脾胃、养肌肉，对于思虑伤脾、头昏、失眠、心悸、病后或产后体虚、因脾虚所致的下血失血症都有一定的功效。

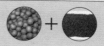

西瓜菠萝奶汁

食材

西瓜、菠萝、牛奶各适量

操作步骤

①西瓜去皮、去籽后，把瓜瓤切成小块；菠萝去皮切小块待用。

②把西瓜瓤块和菠萝块放入豆浆机中，接通电源，加入适量的水，按下"果蔬汁"按键。

③将适量牛奶倒入西瓜菠萝汁中搅拌均匀即可。

营养贴士

此款果蔬汁主要含有维生素 A、维生素 C、B 族维生素、蛋白酶、钾、钙、磷、铁、钠、锌、镁、锰、硒等成分，具有除烦祛燥、清热消肿、降血糖、除皱美白的功效，对于辅助治疗急慢性肾炎、高热不退、咽喉肿痛等病效果较好，但是脾胃功能弱的人不宜饮用。

番茄胡萝卜苹果汁

食材

苹果 250 克，胡萝卜、番茄各 150 克，柠檬汁适量

操作步骤

①苹果洗净，去皮去核，切成小块；番茄洗净去蒂，切块；胡萝卜洗净切块。

②把除柠檬汁外的所有食材一起放入豆浆机中，接通电源，加入适量的水，按下"果蔬汁"按键。

③将榨好的果汁倒入杯中加入适量柠檬汁即可。

营养贴士

此款果蔬汁含有维生素 A、维生素 C、B族维生素、糖类、柠檬酸、苹果酸、橙皮甙、柚皮甙、烟酸、钙、磷、铁等营养成分，具有促进人体正常代谢、利肝明目、利膈宽肠、预防衰老和防治血管硬化的功效。

食材

柠檬、蜂蜜各适量

操作步骤

①柠檬去皮后切成小块。

②把柠檬块放入豆浆机中，接通电源，加入适量的水，按下"果蔬汁"按键。

③将榨好的柠檬汁倒入杯中，加入适量蜂蜜后即可。

营养贴士

此款果蔬汁主要含有糖类、柠檬酸、苹果酸、橙皮甙、柚皮甙、维生素 B_1、维生素 B_2、维生素 C、烟酸、钙、磷、铁等营养成分，可以健胃疏滞、祛暑降热、生津止渴，用于治疗鼻炎和支气管炎效果较好。另外，对于爱美的女士来说，祛斑美白的效果也不错。

蜂蜜柠檬汁

胡萝卜汁

食材

胡萝卜200克

操作步骤

①胡萝卜去皮后切成小块。

②把胡萝卜块放入豆浆机中，接通电源，加入适量的水，按下"果蔬汁"按键。

③将榨好的胡萝卜汁倒入杯中即可。

营养贴士

此款果蔬汁含有蛋白质、脂肪、碳水化合物、胡萝卜素、抗坏血酸、钾、钠、钙、镁、磷、铁、锰、锌、铜、硒、氟、锰、钴等营养成分，可以补肝明目，促进骨骼正常生长发育和细胞增殖与生长，同时提高自身的免疫功能，杀灭癌细胞，降低血糖和血脂，强化心脏功能。

西瓜凤梨柠檬汁

食材

西瓜、凤梨、柠檬各适量

操作步骤

①西瓜去皮去籽，切成块状待用；凤梨削皮后切块待用；柠檬洗净、去皮后切成小块。

②把西瓜、凤梨、柠檬全部放入豆浆机中，接通电源，加入适量的水，按下"果蔬汁"按键。

③将榨好的西瓜凤梨柠檬汁倒入杯中即可。

营养贴士

此款果蔬汁主要含有糖类、蛋白质、氨基酸、柠檬酸、维生素、钾、钙、磷、铁等成分，具有通利小便、消食止泻、清热生津、抗炎消肿等功效，对伤暑、身热烦渴、消化不良等均有辅助调理作用，还有助于减肥、润肤、美发。老少皆宜，但是溃疡病及凝血功能障碍患者忌饮。

菊花枸杞山楂汁

食材

山楂 200 克，杭白菊、枸杞各适量

操作步骤

①山楂洗净，去籽；杭白菊、枸杞放入茶壶中，加入沸水泡 15 分钟。

②把所有食材一起放入豆浆机中，接通电源，加入适量的水，按下"果蔬汁"按键。

③将榨好的菊花枸杞山楂汁倒入杯中即可。

营养贴士

此款果蔬汁主要含有蛋白质、氨基酸、苹果酸、枸橼酸、胡萝卜素、B 族维生素、维生素 C、钙、铁、胆碱等成分，可以清热解毒、消炎镇痛、清肝明目，对于治疗发热、头痛等症状也有一定的功效，一般人都可以饮用，但是消化不良的人要少饮。

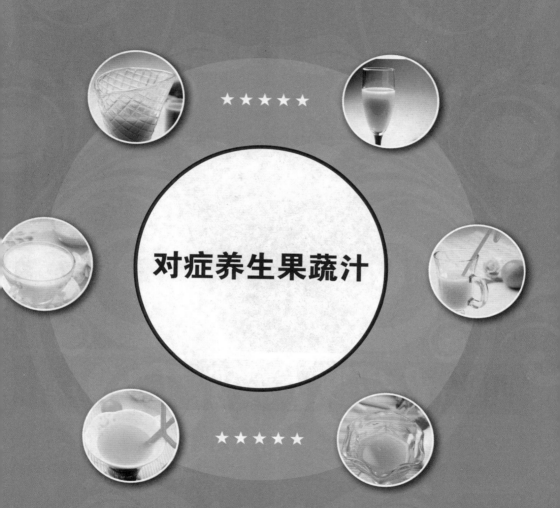

★ ★ ★ ★ ★

对症养生果蔬汁

★ ★ ★ ★ ★

西蓝花胡萝卜彩椒汁

食材

西蓝花、胡萝卜、彩椒各适量

操作步骤

①将西蓝花洗净后掰成小碎块；胡萝卜洗净后去蒂、削皮，切成小块；彩椒洗净后去籽，切成小块。

②把所有食材放入豆浆机中，接通电源，加入适量的水，按下"果蔬汁"按键。

③将榨好的果蔬汁倒入杯中即可。

营养贴士

西蓝花中的营养成分主要包括蛋白质、碳水化合物、脂肪、矿物质、维生素C和胡萝卜素等，可以有效降低乳腺癌、直肠癌、胃癌、心脏病和中风的发病率，还有杀菌和防止感染的功效。

草莓柠檬汁

食材

草莓、柠檬各适量

操作步骤

①草莓洗净、去掉果蒂后切成小块；柠檬洗净、去皮后切成小块。

②把草莓块和柠檬块放入豆浆机中，接通电源，加入适量的水，按下"果蔬汁"按键。

③将榨好的草莓汁倒入杯中即可。

营养贴士

此款果蔬汁含有果糖、蔗糖、柠檬酸、苹果酸、水杨酸、氨基酸以及钙、磷、铁等矿物质成分，可以用于贫血和胃肠道疾病的调理，预防动脉硬化等心脑血管疾病，适合风热咳嗽、腹泻的人饮用，不适合尿结石患者饮用。

食材

芒果 100 克，柠檬 60 克，柳橙 100 克

操作步骤

①芒果去皮、核切块；柠檬、柳橙分别去皮、子，切块。

②把所有食材一起放入豆浆机中，接通电源，加入适量的水，按下"果蔬汁"按键。

③将榨好的芒果柠檬汁倒入杯中即可。

营养贴士

此款果蔬汁含有蛋白质、粗纤维、维生素C、维生素A等营养成分，可以敛汗去湿，防止流汗过多伤阴耗气，还可养心健脾。

芒果柠檬汁

苹果卷心菜汁

食材

卷心菜 150 克，苹果 100 克

操作步骤

①卷心菜洗净，切成块；苹果洗净削皮去核，切成块待用。

②把所有食材一起放入豆浆机中，接通电源，加入适量的水，按下"果蔬汁"按键。

③将榨好的苹果卷心菜汁倒入杯中即可。

营养贴士

卷心菜性平、味甘，归脾、胃经，具有补养骨髓、润脏腑、益心力、壮筋骨、利脏器、祛结气、清热止痛的功效；对于睡眠不佳、多梦易睡、耳目不聪、关节屈伸不利、胃脘疼痛等病症都有一定的治疗作用。

柠檬汁

食材

柠檬 180 克

操作步骤

①柠檬洗净、去皮后切成小块。

②把柠檬块放入豆浆机中，接通电源，加入适量的水，按下"果蔬汁"按键。

③将榨好的柠檬汁倒入杯中即可。

营养贴士

柠檬是世界上最有药用价值的水果之一，它富含维生素 C、糖类、钙、磷、铁、维生素 B_1、维生素 B_2、烟酸、奎宁酸、柠檬酸、苹果酸、橙皮苷、柚皮苷、香豆精、高量钾元素和低量钠元素等，对人体十分有益，另外柠檬还有预防感冒、刺激造血、降低多种癌症的功效。

食材

甜杏仁 200 克，牛奶适量

操作步骤

①甜杏仁洗净后用热水泡开。

②把甜杏仁放入豆浆机中，接通电源，加入适量的水，按下"果蔬汁"按键。

③将适量牛奶倒入榨好的杏仁汁中，搅拌均匀即可。

营养贴士

甜杏仁具有润肺、止咳、平喘、滑肠等功效，对干咳无痰、肺虚久咳等症有一定的缓解作用，适量食用杏仁不仅可以有效控制人体内胆固醇的含量，还能显著降低心脏病和多种慢性病的发病危险。

杏仁奶茶

柚子芹菜汁

食材

柚子 200 克，芹菜 100 克。

操作步骤

①芹菜择洗干净，切成段；柚子剥皮去籽，把果肉切成小块待用。

②把所有食材一起放入豆浆机中，接通电源，加入适量的水，按下"果蔬汁"按键。

③将榨好的柚子芹菜汁倒入杯中即可。

营养贴士

柚子中含有高血压患者所需的天然微量元素钾，几乎不含钠，因此治疗心脑血管病的功效非常不错；柚中含有大量的维生素 C，可以降低血液中的胆固醇；柚子还具有健胃、润肺、补血、清肠、利便等功效，可促进伤口愈合，对败血病等病症有良好的辅助疗效。

柠檬奇异果汁

食材

柠檬 30 克，奇异果 200 克

操作步骤

①奇异果洗净、去外皮，切成小块；柠檬剥皮去籽后把果肉切成小块待用。

②把所有食材放入豆浆机中，接通电源，加入适量的水，按下"果蔬汁"按键。

③把榨好的柠檬奇异果汁倒入杯中即可。

营养贴士

此款果蔬汁主要含有糖类、柠檬酸、苹果酸、橙皮甙、柚皮甙、维生素 B_1、维生素 B_2、维生素 C、烟酸、钙、磷、铁等营养成分，可以生津止渴、健胃疏滞、祛暑降热，辅助用于支气管炎和鼻炎的调理，适合患有此类疾病的人饮用。

食材

番茄 300 克，牛奶适量

操作步骤

①番茄去蒂，洗净，切成小块。

②把番茄块和牛奶放入豆浆机中，接通电源，加入适量的水，按下"果蔬汁"按键。

③将榨好的牛奶番茄汁倒入杯中即可。

营养贴士

牛奶中含有丰富的钙质，还有丰富的矿物质，番茄中含有丰富的维生素、胡萝卜素、柠檬酸等物质，可以清除体内的自由基，延缓衰老，对于普通人来说，牛奶番茄汁既可以延缓机体的衰老，还可以补钙，可以说是一举两得。

牛奶番茄汁

红薯韭菜胡萝卜汁

食材

红薯 150 克，韭菜 50 克，胡萝卜 100 克

操作步骤

①红薯洗净后用热水去皮，然后切块待用；韭菜洗净后切末；胡萝卜洗净后切小块待用。

②把所有食材放入豆浆机中，接通电源，加入适量的水，按下"果蔬汁"按键。

③把榨好的甘薯韭菜胡萝卜汁倒入杯中即可。

营养贴士

韭菜的主要营养成分有维生素 C、维生素 B_1、维生素 B_2、维生素 B_3、胡萝卜素、碳水化合物及矿物质，韭菜还含有丰富的纤维素，可以促进肠道蠕动、预防大肠癌的发生，同时又能减少对胆固醇的吸收，因此对于治疗动脉硬化、冠心病等疾病有一定的功效。

苹果葡萄汁

苹果 400 克，葡萄 300 克

操作步骤

①苹果洗净、去皮，切成两半后去核，切成小块；葡萄洗净后剥皮去籽待用。

②把切好的苹果块和葡萄肉放入豆浆机中，接通电源，加入适量的水，按下"果蔬汁"按键。

③把榨好的苹果葡萄汁倒入杯中即可。

营养贴士

此款果蔬汁主要含有蛋白质、脂肪、粗纤维、果胶、钾、钙、磷、锌、铁、维生素等成分，具有健脾和胃、润肺除烦、养心益气、降逆止泻等功效，有助于净化血液、扩张血管、降血压、降血脂、稳定血糖、改善肺部及呼吸系统功能、预防心血管疾病，还能帮助人体补钙、强健骨骼，并有改善睡眠和抗癌的作用。老少皆宜，尤其适宜婴幼儿及慢性胃炎、腹泻、消化不良等人饮用。

食材

黄瓜 300 克，南瓜 200 克

操作步骤

①南瓜洗净，去皮、去籽，切小块；黄瓜洗净后削皮，切成小块。

②把南瓜块和黄瓜块放入豆浆机中，接通电源，加入适量的水，按下"果蔬汁"按键。

③将榨好的健康果菜汁倒入杯中即可。

营养贴士

此款果蔬汁含有多糖、氨基酸、胡萝卜素、磷、镁、铁、铜、锰、铬、硼等营养成分，可以提高人体的免疫能力，止咳平喘，润肺养身，用于治疗便秘、中毒等效果较好。

健康果菜汁

柳橙牛乳汁

食材

柳橙 400 克，牛乳适量

操作步骤

①柳橙对半剖开，用小勺挖出果肉，剔除果肉中的籽粒。

②把柳橙肉放入豆浆机中，接通电源，加入适量的水，按下"果蔬汁"按键。

③将牛乳倒入榨好的柳橙汁中，搅拌均匀即可。

营养贴士

此款果蔬汁主要含有苹果酸、膳食纤维、维生素 A、B 族维生素、维生素 C、钙、磷、铁等成分，有健胃生津、促进消化、抑制癌细胞发展、美容瘦身的功效，但是性质较酸，胃酸人不宜饮用。

芒果汁

食材

芒果 300 克

操作步骤

①芒果洗净后去皮去籽切碎待用。

②把芒果放入豆浆机中，接通电源，加入适量的水，按下"果蔬汁"按键。

③将榨好的芒果汁倒入杯中即可。

营养贴士

芒果的主要营养成分是矿物质、蛋白质、脂肪、糖类等，芒果中的胡萝卜素成分特别高，食用芒果对预防癌症、高血压、动脉硬化有一定的效果。

圣女果白菜苹果汁

食材

苹果 100 克，圣女果 200 克，白菜 50 克

操作步骤

①苹果削皮，切开后去核，切成块；圣女果用清水洗净，对半切开；白菜择洗干净，切成块。

②把所有食材一起放入豆浆机中，接通电源，加入适量的水，按下"果蔬汁"按键。

③将榨好的圣女果白菜苹果汁倒入杯中即可。

营养贴士

此款果蔬汁主要含有蛋白质、膳食纤维、果胶、钾、钠、钙、磷、锌、铁、镁、硒、B 族维生素、维生素 C、胡萝卜素、有机酸等成分，可以清除自由基、促进人体血液循环、清热利尿、养气益心、祛斑美容，适合脾胃较弱的人饮用。

食材

黑芝麻 150 克，核桃仁 100 克

操作步骤

①黑芝麻洗净待用；核桃仁去皮洗净，切碎待用。

②把黑芝麻和核桃仁放入豆浆机中，接通电源，加入适量的水，按下"果蔬汁"按键。

③将榨好的黑芝麻核桃汁倒入杯中即可。

营养贴士

黑芝麻中含有许多铁和维生素的成分，核桃中则含有大量不饱和脂肪酸，黑芝麻核桃汁不仅可以消除多余的胆固醇，还可以温肺润肠。

黑芝麻核桃汁

火龙果白菜南瓜汁

食材

火龙果 300 克，白菜 150 克，南瓜 100 克

操作步骤

①白菜洗净后切碎待用；南瓜洗净后削皮，去瓤去籽，切碎待用；火龙果去皮，切碎待用。

②把火龙果、白菜、南瓜放入豆浆机中，接通电源，加入适量的水，按下"果蔬汁"按键。

③将榨好的火龙果白菜南瓜汁倒入杯中即可。

营养贴士

火龙果是一种低能量的水果，富含水溶性膳食纤维，具有减肥、降低胆固醇、预防便秘、大肠癌等功效，火龙果中含有一般蔬果中较少有的植物性白蛋白，这种白蛋白会与人体内的重金属离子结合而起到解毒的作用。

芒果椰汁

食材

芒果 200 克，椰汁 300 克

操作步骤

①芒果洗净后去皮去籽切碎待用。

②把芒果放入豆浆机中，接通电源，加入适量的水，按下"果蔬汁"按键。

③将椰汁倒入榨好的芒果汁中搅拌均匀即可。

营养贴士

芒果果实中含有糖、蛋白质、粗纤维、维生素C，食用芒果具有益胃、解渴、利尿的功效，对于高血压、动脉硬化、癌症具有一定的预防功效。

食材

木瓜、香蕉、菠萝各适量

操作步骤

①木瓜洗净后去皮去籽切碎待用；香蕉剥皮切段待用；菠萝削皮切丁待用。

②把菠萝、木瓜、香蕉放入豆浆机中，接通电源，加入适量的水，按下"果蔬汁"按键。

③将榨好的木瓜香蕉菠萝汁倒入杯中即可。

营养贴士

木瓜性温，味酸，能平肝和胃，舒筋祛湿，可以消除体内过氧化物等毒素，净化血液，对肝功能障碍及高血脂、高血压病具有预防功效。

木瓜香蕉菠萝汁

健康养生 豆浆、米糊、果蔬汁

★ ★ ★ ★ ★

中老年果蔬汁

★ ★ ★ ★ ★

玉米燕麦汁

食材

燕麦、玉米粒各适量

操作步骤

①玉米粒洗净下锅煮熟；燕麦洗净后，去除杂物，然后浸泡6小时，捞出待用。

②把所有食材一起放入豆浆机中，接通电源，加入适量的水，按下"果蔬汁"按键。

③将榨好的玉米燕麦汁倒入杯中即可。

营养贴士

玉米具有健脾益胃、抗衰老、防止便秘、防治动脉硬化、防癌、美肤护肤、降糖、通便等许多功效，而且有多种营养成分，是一种非常健康的食物。

番茄小黄瓜汁

食材

番茄、小黄瓜各适量

操作步骤

①番茄洗净去蒂，用热水烫去表皮，去籽后切成块待用；小黄瓜削皮去蒂切成块待用。

②把所有食材一起放入豆浆机中，接通电源，加入适量的水，按下"果蔬汁"按键。

③将榨好的番茄小黄瓜汁倒入杯中即可。

营养贴士

番茄、黄瓜含谷胱甘肽和维生素C，能促进皮肤新陈代谢，使沉着的色素减退，从而使肌肤细腻白嫩，黄瓜具有除湿、利尿、降脂、镇痛、促消化的功效，对肥胖、高血压、高血脂的治疗有一定功效。

食材

胡萝卜250克，苹果200克

操作步骤

①胡萝卜去皮后切成小块；苹果去核和子后切成小块待用。

②把胡萝卜块和苹果块一起放入豆浆机中，接通电源，加入适量的水，按下"果蔬汁"按键。

③将榨好的胡萝卜苹果汁倒入杯中即可。

营养贴士

此款果蔬汁含有蛋白质、脂肪、碳水化合物、胡萝卜素、抗坏血酸、钾、钠、钙、镁、磷、铁、锰、锌、铜、硒、氟、锰、钴等营养成分，可以补肝明目，促进骨骼正常生长发育和细胞增殖，提高记忆力，增进儿童智能，同时提高自身的免疫功能，杀灭癌细胞，降低血糖和血脂，强化心脏功能。

胡萝卜苹果汁

马铃薯苹果汁

食材

马铃薯 250 克，苹果 200 克

操作步骤

①马铃薯处理干净后去皮，切成小块；苹果去核和籽后切成小块。

②把马铃薯块和苹果块一起放入豆浆机中，接通电源，加入适量的水，按下"果蔬汁"按键。

③将榨好的马铃薯苹果汁倒入杯中即可。

营养贴士

土豆含有丰富的维生素 B_1、B_2、B_6 和泛酸等 B 族维生素及大量的优质纤维素，还含有微量元素、氨基酸、蛋白质、脂肪、优质淀粉等营养元素，具有抗衰老的功效。

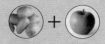

木瓜草莓汁

食材

木瓜 300 克，草莓 250 克

操作步骤

①木瓜洗净、去皮、去籽后切成小块；草莓洗净、去掉果蒂后切成小块。

②把木瓜块和草莓块放入豆浆机中，接通电源，加入适量的水，按下"果蔬汁"按键。

③将榨好的木瓜草莓汁倒入杯中即可。

营养贴士

此款果蔬汁含有果糖、蔗糖、柠檬酸、苹果酸、水杨酸、氨基酸以及钙、磷、铁等矿物质成分，可以用于贫血和胃肠道疾病的调理，预防动脉硬化等心脑血管病，适合风热咳嗽、腹泻的人饮用，不适合尿结石患者饮用。

苹果鲜藕汁

食材

鲜藕 300 克，苹果 250 克

操作步骤

①苹果去核和籽后切成小块；鲜藕洗净后切成片待用。

②把苹果块和鲜藕片放入豆浆机中，接通电源，加入适量的水，按下"果蔬汁"按键。

③将榨好的苹果鲜藕汁倒入杯中即可。

营养贴士

藕具有很好的药用价值，生藕性寒，甘凉入胃，可消瘀凉血、清烦热、止呕渴，用来治疗烦渴、酒醉、咯血、吐血等症功效显著。

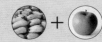

160

木瓜生姜汁

食材

木瓜 400 克，生姜 150 克

操作步骤

①木瓜洗净、去皮、去籽后切成小块；生姜洗净后切碎待用。

②把木瓜块和生姜末放入豆浆机中，接通电源，加入适量的水，按下"果蔬汁"按键。

③将榨好的木瓜生姜汁倒入杯中即可。

营养贴士

此款果蔬汁含有番木瓜碱、木瓜蛋白酶、木瓜凝乳酶、番茄烃、维生素 B、维生素 C、维生素 E、糖分、蛋白质、脂肪、胡萝卜素、隐黄素、蝴蝶梅黄素等营养成分，可以补充营养，提高人体抗病能力，促进新陈代谢，防止衰老，对于脾胃功能较差的人具有辅助调理功效。

食材

灵芝 10 克，紫甘蓝 100 克，红枣、蜂蜜各适量

操作步骤

①灵芝洗净，先放入清水锅中煎 30 分钟，再倒入茶壶闷泡 20 分钟；紫甘蓝洗净，切成块；红枣洗净，除去枣核。

②把所有食材一起放入豆浆机中，接通电源，加入适量的水，按下"果蔬汁"按键。

③将榨好的甘蓝灵芝枣蜜汁倒入杯中即可。

营养贴士

此款果蔬汁主要含有花青素、膳食纤维、钙、磷、铁、镁等成分，可以用于精神虚弱、心悸失眠、血气不足、疲乏无力等症状的日常调理，治疗便秘的效果也不错。

甘蓝灵芝枣蜜汁

木瓜葡萄苹果汁

食材

木瓜半个，葡萄 200 克，苹果 1 个

操作步骤

①木瓜和苹果削皮、除籽粒和内核；葡萄用淡盐水浸泡 10 分钟后洗净。

②把所有食材一起放入豆浆机中，接通电源，加入适量的水，按下"果蔬汁"按键。

③将榨好的木瓜葡萄苹果汁倒入杯中即可。

营养贴士

此款果蔬汁主要含有类黄酮、维生素、钙、钾等成分，可以增强食欲，促进消化，对呕吐、嗝逆、积食、腹痛等均有辅助调理作用，尤其适宜消化不良、慢性胃炎、慢性腹泻、神经性肠炎患者，但高血糖人士少饮。

芝麻紫菜茴香汁

食材

菠菜50克,黑木耳10克,花生仁、核桃仁、黑芝麻、瓜子仁各适量

操作步骤

①黑木耳泡发,择洗干净,入锅焯熟;花生仁、核桃仁、黑芝麻、瓜子仁放入锅中炒香,再用粉碎机打成粉面;菠菜择洗干净,入锅略焯,捞出沥水。

②把所有食材一起放入豆浆机中,接通电源,加入适量的水,按下"果蔬汁"按键。

③将榨好的杂果菠菜木耳汁倒入杯中即可。

营养贴士

此款果蔬汁主要含有钙、磷、铁、维生素A、维生素D、维生素E、膳食纤维等成分,可以提高人的食欲,补充钙质,促进大脑发育,适合缺钙的人饮用。

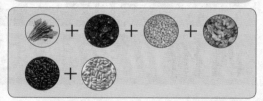

杂果菠菜木耳汁

食材

茴香300克,干紫菜、芝麻各适量

操作步骤

①干紫菜撕碎,放入盘中;芝麻放入热锅中炒香;茴香择洗干净,切成段。

②把所有食材一起放入豆浆机中,接通电源,加入适量的水,按下"果蔬汁"按键。

③将榨好的芝麻紫菜茴香汁倒入杯中即可。

营养贴士

此款果蔬汁主要含有蛋白质、脂肪、膳食纤维、维生素A、B族维生素、维生素C、维生素E、钙、铁、卵磷脂、亚油酸等成分,可以强身健体、开胃消食、防止体内钙质的流失,但是由于茴香会影响人的视力,所以不要多饮用。

西梅山药鳄梨汁

食材

山药 100 克，鳄梨 1 个，西梅适量

操作步骤

①山药削皮，洗净，切成块，入锅蒸熟；鳄梨削皮，切开后除去内核，切成块；西梅用水果刀剔下果肉。

②把所有食材一起放入豆浆机中，接通电源，加入适量的水，按下"果蔬汁"按键。

③将榨好的西梅山药鳄梨汁，倒入杯中即可。

营养贴士

此款果蔬汁主要含有膳食纤维、糖类、蛋白质、维生素 A、B 族维生素、维生素 C、维生素 E、钾、钙、磷、铁、镁、锌、铜、锰、不饱和脂肪酸等成分，可以促进消化、增强食欲、补益脾胃和肝肾，对于肾虚、血糖高、心脑血管疾病都具有补益作用，尤其适合老人、儿童以及消化不良的人饮用。

西红柿圆白菜汁

食材

西红柿、圆白菜各适量

操作步骤

①西红柿洗净、去皮、去籽、去蒂后切成小块;圆白菜洗净后去蒂和菜心,切成小块待用。

②把西红柿和圆白菜放入豆浆机中,接通电源,加入适量的水,按下"果蔬汁"按键。

③将榨好的西红柿圆白菜汁倒入杯中即可。

营养贴士

此款果蔬汁富含苹果酸、柠檬酸、糖类,胡萝卜素、维生素C、维生素B、维生素B2和钙、磷、钾、镁、铁、锌、铜和碘等多种元素,还有蛋白质、糖类、有机酸、纤维素等成分。银品中含有抗氧化剂,可以防止体内自由基对皮肤的破坏,具有明显的美容抗皱的效果。

苹果香瓜汁

食材

苹果、香瓜各适量

操作步骤

①苹果洗净、去掉皮、果核、果蒂后切成小块;香瓜洗净、削皮、去籽后切成小块。

②把苹果和香瓜放入豆浆机中,接通电源,加入适量的水,按下"果蔬汁"按键。

③将榨好的苹果香瓜汁倒入杯中即可。

营养贴士

此款果蔬汁含大量碳水化合物及柠檬酸等成分,且水分充沛,可消暑清热、生津解渴、除烦;富含铜、碘、锰、锌、钾等元素,可改善呼吸系统和肺功能,保护肺部免受空气中的灰尘和烟尘的影响,经常饮用还可以保护肝脏,减轻慢性肝损伤,有利于肾脏病人吸收营养。